# 寂静的
# 春天

[美] 蕾切尔・卡逊 | 著

蔡萜 | 译

黄辉 耿亚龙 | 汇编



长江出版传媒 | 崇文书局

图书在版编目（CIP）数据

寂静的春天 /（美）蕾切尔·卡逊著 ；蔡喆译 ；黄辉，耿亚龙汇编．
—武汉 ：崇文书局，2018.5(2021.6 重印）
ISBN 978-7-5403-4965-3

Ⅰ．①寂…
Ⅱ．①蕾… ②蔡… ③黄… ④耿…
Ⅲ．①中学语文课－初中－课外读物
Ⅳ．①G634.303

中国版本图书馆 CIP 数据核字（2018）第 060874 号

寂静的春天

责任编辑 高 娟
责任校对 董 颖
责任印制 李佳超
出版发行 长江出版传媒｜崇文书局
地 址 武汉市雄楚大街 268 号 C 座 11 层
电 话 (027)87293001 邮政编码 430070
印 刷 武汉中科兴业印务有限公司
开 本 700mm×960mm 1/16
印 张 18.25
字 数 200 千
版 次 2018 年 5 月第 1 版
印 次 2021 年 6 月第 4 次印刷
定 价 32.00 元
（如发现印装质量问题，影响阅读，请与承印厂调换）

# 目 录

# 第一节　明天的寓言

许久以前，美国中部有一个镇子，这里的生灵与周围的生态环境是那么的友好和谐。周围大大小小的农场星罗棋布，郁郁葱葱的庄稼地和山丘下的果园生机勃勃。一到春天，点点繁花散布在一望无垠的草原上，就像朵朵白云游弋于万里碧空之上。待到金秋时节，密密麻麻的松林宛如屏风一般。还有橡树、枫树和白桦，纷纷用火焰般的金黄色拥抱着这个季节。狐狸在小山上发出悠然的叫声，小鹿则迅捷地穿梭在晨雾笼罩的原野上。蜿蜒小径盘曲其间，两旁列立着月桂、荚蒾和赤杨树。巨大的羊齿植物成了这里的一道风景线，四季常青，通常都能让途经此地的人们心旷神怡。即使是在冬天，道路两旁也都闪烁着别样的美丽。无数的小鸟欢快地飞来飞去，时不时地落下来，啄食散落在雪地上的浆果和干草穗头——没错，这里的郊外正因种类繁多的鸟儿驰名——成千上万的候鸟会在春天和秋天蜂拥而至。这一景象也吸引了众多的游客不远万里前来驻足观赏。不仅如此，源自山谷的小溪，清澈见底，在婆娑的绿影中从涓涓细流汇聚成一片池塘。鳟鱼悠闲地在水中游来游去。那时常见到前来体验渔趣的人们……一片生机，尽收眼底。然而，随着第一批定居者的到来，这一切都消失在他们大兴土木、修房凿井的喧闹声中。

也就是从那时候起，奇怪的阴影笼罩着这片曾经生机盎然的大地，一切都开始发生变化，仿佛有种不祥的预兆降临到了村落里：成群的家禽和牲畜染上了奇怪的疾病，相继死去。城镇到处充斥着死亡的气息。农夫们纷纷议论着家里人身染怪病。城里的医生也愈来愈对这种怪病感到困惑莫解。孩子们甚至出现了暴病而亡的现象，而这些死亡现象无从解释。因为这些孩子们通常是在玩耍时突然病倒，然后病情急剧恶化，在几个小时内死去。

一种异样的寂静笼罩着这个地方。鸟儿都去哪儿了呢？人们都在谈论着这种奇怪的现象，惶恐不安，却又迷惑不解。昔日园子后面鸟儿竞相觅食的地方已经没有了这些小家伙们的身影，死气沉沉。偶尔也能见到几只鸟儿倒在路边，但它们已经没有了振翅飞翔的力气，而是浑身颤抖、奄奄一息。现在这里的春天已经变得毫无生机。曾几何时，乌鸦、鸫鸟、鸽子、樫鸟、鹪鹩，还有其他的鸟儿竞相争鸣。而今这一切却已不复存在，只剩下死一般的沉寂笼罩着田野、树林和沼泽地。

农场里仍有母鸡在孵蛋，却没有小鸡破壳而出。农夫们也怨声载道，因为他们无法再养猪了——新生的猪仔太小，而且一旦生病也活不过几天。苹果树要开花了，但花丛中并没有蝶蜂飞舞，花儿无法得到授粉，也就没有果实。

曾几何时，这里的小路两旁风景怡人，现在却一片荒凉。路旁稀稀拉拉散落着焦黄和枯萎的植物，仿佛经受了火灾的吞噬。这里仿佛已经失去了生命，沉浸在死一般的寂静里。就连曾经的潺潺小溪也失去了昔日的活力，再也看不见钓鱼人的身影，因为水里的鱼儿早已死亡。有一种白色的粉粒散布在屋檐下的雨水管中和屋顶的瓦片之间。就在几个星期之前，这些白色粉粒像雪花一样，悄然落到屋顶上、草坪上、田野里和小河中。这既不是妖术，也不是敌人在背后捣的鬼，使得这个本来就遍体鳞伤的世界无法复生。这一切都是人们自己种下的恶果，纯粹咎由自取。

上面描绘的这个城镇其实是虚构的，但现实生活中在美国和世界其他地方确实能轻而易举找到成千上万个这样的翻版。我也知道，在真实的世界里并没有哪一个村落或者城镇经历过上述的全部灾祸，但这里描绘的每一种灾难实际上在某些地方已经发生，许多村庄为此而蒙受了巨大的损失。在人类对生态环境的漠视中，一个面目狰狞的幽灵已经向我们袭来，它可以轻而易举地将这种虚拟的悲剧变成活生生的事实。

是什么东西使得美国无以计数的城镇的春天之音沉寂下来了呢？本书将试探着给予解答。

## 第二节　忍耐的义务

在地球上，生命的历史都是在生物与其周围环境的相互作用中源远流长的。可以这么说：在很大程度上，环境造就了地球上动植物的自然形态和生活习性。因此，生物改造环境的反作用一直都是微乎其微的。而在新的生命物种——人类诞生之后，这种改造环境的能力得到了异常的提升。

在过去的四分之一世纪里，这种改造自然的环境并未造成什么恶劣的影响，但它已导致一定的变化。在人们改造自然的进程中，污染物袭击了空气、土地、河流以及大海，造成了危险的，甚至是致命的危害。在很大程度上，这种污染难以恢复。它不仅侵入了生命体赖以生存的自然界，甚至潜伏在生物体内，这一邪恶的环链在很大程度上是无法逆转的。当下，这种环境污染随处可见。而在改造大自然和生物本身变化的过程中，化学物质是有害的。这种危害程度甚至可与放射性危害相提并论。比如核爆炸中所释放出的锶 90 随着雨水和尘埃散落地面，渗入土壤，并被草、谷物或小麦等植物吸收，最终进入人体，深入骨骼并沉积下来，直至其完全衰亡。同样的，洒向农田、森林和花园的化学药剂也会长期潜伏在土壤里，然后趁机进入生物的内部组织，引发中毒，使其走向死亡。更糟糕的是，这些致病甚至致死的恶性药物元素随着生物的生命更迭而不断传递迁移。有时，它们会藏匿于地下水脉中。待到再度出现时，这些有害的化学元素会在空气、水和阳光的作用下结合成新的形式。这种新的物质拥有更强的破坏力，足以杀伤植物和家畜，甚至对长期饮用井水的人们的健康造成无法逆转的伤害。就像阿伯特·斯切维泽所说的："人们往往咎由自取，却熟视无睹。"

经历了千百万年的沧桑变化，地球上的生命才有了现在的模样。在这个漫长的过程中，地球上的生物不断进化发展，逐渐与其周围的生态环境达成了平衡。在这种平衡中，生态环境按照一定的法则严格地管控着生灵万物的休养生息，环境中同时包含着对生物有害和有益的元素。一些岩石放射出危险的射线。就连万物赖以生存的太阳光中也包含着有害的短波射线。若要调整生命体原来的平衡状态需要花上千年的时间。时间是根本的因素；但是，如今的世界发展速度相当惊人，根本没有那么多时间供生物调整状态了。

世界发生着日新月异的变化，人们改造自然的步伐变得轻率而急功近利，远远地将地球从容的身影甩在了身后。早在地球上还没有任何生命体的时候，放射性就已经存在于某些岩石、宇宙爆炸射线和太阳的紫外线中了；如今的放射性物质却主要来源于人们对原子的研究和创造。因此，生命在本身的调整中遭遇的化学元素再也不是从岩石中冲刷出来，或是由江河带到大海中去的钙、硅、铜以及其他的无机物了；而是头脑发达的人们在实验室中创造出来的人工合成物，这些东西在自然界中是没有对应物的。

在大自然的天平上调整这些化学物质的平衡需要大量的时间；不是仅仅几十年，而是几百年甚至上千年。就算奇迹出现，使这些调整瞬间完成也是无济于事的。因为人类从未停止科学探索和改造自然的脚步。科学家们每天在实验室里不断地创造新的化学物质。单就美国而言，每一年几乎有五百多种新创造的化学合成物质在实际生产和改造过程中找到自己的用武之地。它们不仅形态变幻莫测，而且随着科学技术的发展，它们的复杂程度已经达到了无法想象的地步。因此人们并不能完全驾驭它们。自然而然，每年地球上的生灵都需要千方百计去适应这些莫名其妙的化学物质。而这并非易事，因为这些化学物质的横空出世，让地球上的生物机体猝不及防。

在这些从实验室流出的化学物质中，有许多被应用于人与自然的斗争中。自二十世纪四十年代以来，人们创造了两百多种化学物品，并用它们来对付昆虫、野草、啮齿动物和被人们称为“害虫”的生物。为了实际需要，这些化学物质被冠以不同的商品名称，流向市场。

如今，这些喷雾器、药粉和药水几乎都成了农场、果园、森林和家庭的“惯用伎俩”。殊不知这些化学药品一旦投放，将会“无差别”地杀死每一种昆虫，无论“益虫”或“害虫”。不仅如此，这些化学药品也吞噬了其他物种的生机，鸟儿不再高歌，鱼儿不再欢跃，就连树叶上也蒙上了一层致命的薄膜，经久不褪。这一切仅仅只是为了根除少数杂草和昆虫。然而，人们怎么也想象不到，这种单纯的目的却给所有的生命带来了灭顶之灾。这些化学药剂不应该叫“杀虫剂”，而应该叫“杀生剂”。

纵观历史，人类使用化学制剂的趋势好似一种永无止境的螺旋上升的过程：自从滴滴涕（DDT）被广泛投入使用以来，随着更多的有毒物质相继问世，一种不断升级的过程就开始了。显而易见，根据达尔文适者生存的原理，为了形成对现行杀虫剂的抗药性，昆虫会进化成更高级的形态。而后，为了遏制这种害虫的蔓延，人们又会绞尽脑汁发明一种新的杀虫剂，然后昆虫又会完成适应，于是人们又不得不发明一种更致命的毒药，以此类推，周而复始。反而言之，为了报复人们对它们的清剿行为，害虫常常会具有更高的耐药性，在经历了每次药剂喷洒的浩劫后，以更顽强的生命力和更庞大的数量重新复活。长此以往，人们用化学药品跟大自然进行的这场旷日持久的战争不仅使得许多无辜的生灵受到伤害，而且定成败局。

与核战争毁灭人类的可能性共存的还有一个中心问题，那就是人类赖以生存的整个生态环境已经被潜伏其中的有害物质污染殆尽。这些有害物质积蓄在植物和动物体内，甚至进入生殖细胞里，最终改变了物种未来形态的关键基因。

一些自称为我们人类未来的设计师们乐观地得出这样的预期：未来总有一天，我们的科技可以随心所欲地改变人类细胞的原生质。但就在当下，这个预言已经在我们对自然的肆意妄为中“实现”了。因为许多化学药物，比如放射性元素同样可以导致基因的变异。就杀虫剂而言，虽然只是为了除去害虫，但因此引起的变异却决定了人们的未来。这简直就是对人类最大的讽刺。

人类的这些冒险都做过头了——但究竟为了什么？将来，历史学家会对我们今天的急功近利感到不可思议。正因为自己的理性，人类想方设法除去一些“多余”的物种。但又怎么能因这种“理性的行为”污染整个环境，而且也给人类自己带来疾病和死亡的威胁呢？然而，这正是我们所做过的。此外，人类之所以这样肆意妄为，是利益驱使，所以明知故犯。我们听说杀虫剂的广泛使用是维持农场生产，使其免受虫灾的有效途径。殊不知，我们现在面临的问题不正是“生产过剩”吗？我们的农场不再考虑增产的措施，而是付给农夫工钱不让他们去生产了。因为我们的农场生产的粮食过剩，美国纳税人在一九六二年便为此支付了超过十亿美元，用于维修贮藏剩余粮食的仓库。农业部的一个部门想要减少产量，而其他州则开始重蹈一九五八年的覆辙：“一般情况下，受制于土地银行的规定，如果农田面积减少，那么人们对化学药剂的使用势必加剧，因为要在现有耕地上取得更高的产量。”

如果这样下去，我们所担忧的情况——过量使用农药的又怎么能得到有效控制呢？

当然，这也并不意味着害虫问题无关紧要或者没有必要遏制虫灾。我的意思是，害虫防治应该立足于现实需要，而不是不切实际的设想。而且在使用杀虫剂的时候要确保不要在退治害虫的时候殃及其他无辜的昆虫。

试图解决眼前的问题，但在解决问题的同时却带来一系列灾难，这是人类文明发展的典型特征。在很久以前，人类并未出现。那时候，昆虫统治着这个星球。它们的种类繁多，共存是那么和谐！但自从人类出现后的这段时间里，种类多达五十多万的昆虫大军中，仅有极少一部分的生存方式与人类发生了冲突：要么与人类争夺食物，要么向人类传播疾病。

昆虫传播疾病的问题在人口居住密度较大的地区比较严重，尤其是在卫生状况较差的情况下，比如自然灾害、战争，或是在非常贫困的地区。自然，对某些害虫的防治便显得尤为重要。这样一来，不久以后我们将会面临一个更加严峻的问题：为控制害虫，我们使用大量的化学药物，以求解决燃眉之急。但是，由于过量使用农药带来的持续性潜在危害却给我们自己带来了更大的威胁。

早在农业发展初期，农夫们在耕作的时候很少遇到害虫问题。这些问题都是随着农业的发展而产生的必然结果——在大面积的土地上精耕细作一种谷物。这样的种植方式必然导致某些昆虫数量激增，因为这种谷物是滋养这些昆虫最好的条件。同时，单一的农作物耕种并不符合自然发展的规律，而仅仅是工程师们想象中的农业。本来，大自然就赋予了生灵万物多样性的特征。然而人类却一直热衷于简化这种多样性的存在，也就破坏了自然界原本的格局和平衡。正是由于这种物种多样性的存在，自然界的平衡才得以保持，生态和谐才能实现。另外非常重要的一点是，正是由于这种多样性的平衡状态存在，自然界也限制了每种生物的生活区域。很显然，与混种其他作物的农田相比而言，食麦昆虫在专门种植麦子的农田里繁殖起来要快得多。

与此类似，就在几十年前，美国的大城镇街道两旁种植着高大的榆树。而今，人们再也看不到当年他们满怀憧憬建立起来的那道美丽的风景线。原因是当地的甲虫携带了一种疾病，让榆树遭受了灭顶之灾。但如果当时在种植的时候考虑将榆树和其他树种混种在一起，那么甲虫的繁殖和疾病的蔓延势必得到有效控制。

若要研究现代昆虫问题，我们就要对地质演化史和人类历史的背景进行考察：不难发现，随着地壳运动和地质演化发展，数千种生物从他们的原居地向新的区域蔓延入侵。英国的生态学家查理·爱登在他最近的著作《入侵生态学》一书中对这个世界性的迁徙进行了研究和生动地描述。早在几百万年前的白垩纪时代，汪洋大海如洪水猛兽一般切断了许多大陆板块之间的联系。相应地，居住在各个大陆板块上的生物们也因此被限制在如同爱登所说的“巨大的、独立的自然保护区”中。这些生物与其他大陆上的同类隔绝，在自己的居住地上休养生息，发展出了许多新的从属物种。而就在大约一千五百年前，这些隔断的大陆被重新连通，这些物种开始迁徙到新的地区——一直延续至今，而且现在这种迁徙正得到人类的大力帮助。

在动物赖以生存的生态环境中，植物是非常重要的一个因素。所以植物的引进自然成为了当代昆虫种类传播的主要原因。虽然检疫措施能够在一定程度上抵御昆虫的侵入，但因其刚刚问世，技术手段并不成熟，效果十分有限。但就美国而言，植物引进局已从世界各地引入了近二十万种植物。由此带来的后果是：在美国，有将近九十种植物的天敌是通过引进外来植物时带入境内的。这些昆虫就像我们徒步旅行时搭乘便车一样，随着植物轻而易举地进入美国境内。

随着迁徙运动不断进行，这些昆虫在原居地的数量不断下降，但是当它们移居新环境中时，当地的生态环境缺乏对它们的防治手段，所以入侵的植物和昆虫便肆无忌惮地发展壮大起来，我们的害虫大军也就由此产生了。这并非偶然。

上述的这些入侵行为，无论是自然发生的，还是人为造成的，都在无休止地循环着。检疫和大量化学药品仅仅是为遏制当地虫害和疫情而采用的拖延战术，而且代价不菲。我们面临的真正问题，正如爱登博士所言："为了生存，我们不是只需要找到能够控制外来动植物蔓延的技术手段，而是要深入了解动植物繁衍与它们所处生态环境的共存关系。"只有这样，我们人类才能在真正意义上为建立稳定的生态平衡尽到一己之力，并且有效地预防虫灾爆发，抵御外来生物入侵。

其实，许多现行的生态知识是可以利用的，但我们并没有这么做。在大学里，我们培养出了许多生态学家，我们的政府机关也雇用了他们。但是，我们很少听取他们的建议。为了退治虫害，我们不惜漫天喷洒各种致命的化学药剂，就好像现在为了控制虫害和疾病，除此之外别无他法。事实上，我们可以采取的方法有很多。只要时机成熟，人类的智慧便能让我们发现更多好办法。

是否，因过度依赖低劣、有害化学药品，我们已经走上了一条不归路？是否，我们已经失去了本来的意志和辨别好坏的能力？如生态学家波·斯帕特所说："理想化的生活就像刚刚将头露出水面的鱼儿，悠闲地向前游着，殊不知周遭的环境已经濒临崩溃……为什么我们对带毒的事物熟视无睹？为什么我们情愿将家庭建立在单一的生态环境中？为什么我们要与完全称不上敌人的生物争斗不止？为什么我们一方面对防治精神错乱倍加关心，一方面又大肆纵容马达的噪音？谁愿意生活在一个只是不那么悲惨的世界上呢？”

但与此同时，一个别样的世界正一步步地向我们走来。许多满怀热忱的专家学者，以及一大部分打着环保旗号的机构正在掀起一场世界范围的十字军运动，力图建立一个无化学毒物、无虫害的绿色世界，因为无论从哪一个角度来看，向农田里喷洒农药的工作都是非常残忍的。康涅狄格州的昆虫学家尼勒·特诺曾经这样说：“昆虫学家们目前正在极力调节人类与大自然之间的矛盾。他们的角色好比是集原告、法官、陪审、估税员、收款员和司法官于一身。”因此，面对着人们毫无下限地滥用农药，无论是州还是联邦的代理处都睁一只眼闭一只眼，置若罔闻。

当然，我并没有坚决反对使用化学杀虫剂。我所反对的是把对生物有害、有毒的化学制剂不分青红皂白地交到人们手中，任由他们滥用，而他们却对过度使用这些农药的潜在威胁全然不知。我们常常在未经人们同意的情况下让他们频繁接触这些有毒物质。甚至他们还经常被蒙在鼓里，丝毫不知他们正在使用这些化学制剂。如果说民权条例并未提及公民有权不受致命化学药剂的危害，不管散播化学药剂的是私人还是公共机关，那真的只是因为我们的先辈智慧和眼光存在局限性，未能想象到这类问题。

我想进一步强调的是：我们虽然已经允许使用这些化学药物了，却很少或者根本没有关注它们对土壤、水、野生物和人类自身产生的影响。想必我们的后代并不愿意原谅我们所犯下的过错，尽管我们现在正为营造一个完美的自然界，为保护全部生命体而绞尽脑汁。

我们对自然界所受的威胁了解甚少。当今社会是一个专家辈出的时代。而这些所谓的“专家”们眼里只有他们自己关注的问题，而对他们研究的“小问题”相对整个生态平衡的大问题而言是否过于狭隘的问题漠不关心。同时，现在又是一个工业时代。在现代工业中，人们为了追逐最大化的利润而不惜一切代价。而且大家都认为这种价值观无可厚非。只有当使用某些杀虫剂之后，亲眼见到严重后果，而且证据确凿时，公众才会提出抗议。但即便如此，半真半假的话就能使人心满意足。我们真的需要撕去这些虚伪的信誓旦旦的“保证”和包裹在龌龊事实外面的糖衣了。因为政府的昆虫管理部门预测的危险最终由民众承担，所以民众才有权决定我们到底何去何从——是维持现状，继续前进，还是停下脚步，积累事实经验，待时机成熟之后再继续前进。正如金·路斯坦德所说：“因为我们有忍耐的义务，所以我们有知情的权利。”

## 第三节　死神的特效药

在当今世界，每个人——从尚未出生到最终死去，都会接触到危险的化学药品。这样的现象在世界历史上是史无前例的。人们对合成杀虫剂的使用还不到二十年的时间，可是这却已经影响到了整个动物界乃至非动物界。在大部分重要水系中，甚至在地下水的潜流中，我们已经发现了这些药物的存在。并且，我们发现，早在数十年前使用过化学药物的土壤里面，仍然有这类化学药品的残留物。它们侵入到了鱼类、鸟类、爬行类以及家畜和各类野生动物的身体中，并从此潜存下来。现如今，科学家们在进行动物实验时，想要找个未受污染的实验体，已经是一件不太可能的事情了。

到现在为止，在荒僻的山地湖泊中，我们从鱼类的身体内，在蠕行于泥土中的蚯蚓体内，在鸟蛋里，甚至在人类的体内都发现了这类药物的痕迹；而现在，不论男女老少，绝大多数人的体内都残留着这类药物。更可怕的是，它们还可能存在于母亲的母乳中，甚至可能会存在于未出生的婴儿的细胞组织里。

这类现象的产生，主要是因为那些生产具有杀虫性能的人造合成化学药物的工业突然兴起并飞速发展。这类工业产生于第二次世界大战。在化学战争发展的过程中，人们发现，实验室中造出的一些药物能够有效地消灭昆虫。当然，这一发现并非偶然：昆虫，作为人类死亡的“替罪羊”，经常会被当作化学药物的试验品。

这个发现使得合成杀虫剂研制成功的可能性越来越大。作为一种人造产物——利用分子群代换原子，从而改变它们的排列——它们和战前那种比较简单的无机杀虫剂有很大的不同。以前的药物源于天然生成的矿物质和植物生成物——砷、铜、铅、锰、锌及其他元素的化合物；不过，也有例外。比如，虫菊源自干菊花、尼古丁硫酸盐源自烟草，鱼藤酮源自东印度群岛的豆科植物。

这些合成杀虫剂具有强大的生物学效能，它与其他药物所具有的效能完全不同。它们不仅能够毒害生物，并且能够进入体内起关键作用的生理过程之中，甚至常常会使这些生理过程产生致命的恶变。这样一来，正如我们预料的那样，它们毁坏了我们体内的酶——酶起着保护我们的身体免于受害的作用。从而，它们阻碍了躯体的有氧运动——这个过程会帮助躯体获得能量；它们阻碍了各部分器官的正常运转；甚至还会在某些细胞内产生缓慢且不可逆的变化，而正是这种变化导致了恶性发展的结果。

然而，每年都有新的化学药物研制成功，它们的杀伤力与日俱增，而且用途各异。这样一来，这些化学物质则遍布于世界各地。在美国，合成杀虫剂的产量从一九四七年的一亿二千四百二十五万九千磅猛增至一九六〇年的六亿三千七百六十六万六千磅，比原来增加了五倍多。这些产品的批发总价值已经远远超过了二亿五千万美元。

但是从这种工业的计划及其远景看来，这种巨大的量产才仅仅是个开始。

所以说，一本杀虫药药名录的问世对人类来说有着重大意义。因为如果我们要和这些药物每天生活在一起——无论是吃的还是喝的，都能见到它的身影，就连我们的骨髓里也充斥着这些药物——那我们最好还是了解一下它们的性质和药力吧。

尽管第二次世界大战标志着杀虫剂从无机化学物转为有机化学物，但其化学组成中仍有几种传统原料在继续使用。其中主要的成分是砷——它仍然是多种除草剂、杀虫剂的基本成分。砷是一种高毒性无机物质，它在各种金属矿中含量很高，而在火山、海洋、泉水内含量都很小。砷与人类有着千丝万缕的联系。因为砷本身无色无味，故此自波吉亚家族时代至今，砷常常被混入食物，成为杀人于无形的首选毒药。此外，砷也是第一个被人类确定为致癌的杀手。关于这一点，早在近两个世纪前一位英国医师从烟囱的烟灰中发现并做出鉴定。有丰富的记载表明，因为它的存在，人类很早以前便陷入慢性砷中毒的折磨之中。砷造成的环境污染已经导致许多动物，如：马、牛、羊、猪、鹿、鱼、蜂等染上可怕的传染性疾病并相继死亡。尽管已有记录证明了砷的可怕，含砷的喷雾剂、粉剂药物还在被人类广泛地使用着。比如美国南部的一些地区盛产棉花，因此含砷杀虫喷雾成了当地棉花种植者的“香饽饽”，这导致了当地的养蜂业濒临破产。不仅如此，长期使用含砷粉剂农药的农民们也饱受慢性砷中毒的折磨，就连牲畜也因此受到毒害——因为人们使用着含砷的农药喷雾和除草剂。从蓝莓（越橘的一种）地里飘来的砷粉剂散落在邻近的农场里，污染了溪水，并殃及它所哺育的动物，如蜜蜂、奶牛等。最终，这些毒素都会进入人体，并使人类染上重疾。一位研究环境致癌的权威人士，全国防癌协会的W·C·惠帕博士说："……在处理含砷毒物方面，近年来我们几乎完全放任自流，丝毫不关注使用这种有毒物质给公众的健康带来的影响。如果我们继续这样下去，那简直天理难容。因为凡是看到过含砷杀虫剂和喷雾器在田里肆虐的人，一定对那些随意而马虎地使用这种剧毒物质的人和事深恶痛绝，记忆犹新。"

现代的杀虫剂有着更强的致命性剧毒。目前市面上大多数的杀虫剂均属如下两种。滴滴涕所代表的其中一类就是著名的"氯化烃"；另一类由有机磷杀虫剂构成，主要的化学成分是我们并不陌生的马拉硫磷和对硫磷（1605）。这些构成杀虫剂的化学物质都有一个共同点：如上所述，它们是主要由碳原子构成的有机物—— 碳原子也是生命世界必不可少的"积木"。因此，由这样的"积木"构成的化学分子便被称为"有机物"。要了解它们，我们必须弄明白它们的物质构成，以及它们是如何（尽管这些与一切生物的化学基础息息相关）变异成致命毒药的。

构成这种有机物的基本元素——碳，是一种奇特的元素，碳原子蕴藏着无限的可能：能彼此相互组合成链状、环状及各种奇特结构；还能与他种物质的分子联结起来。的确如此，生灵万物——小到细菌，大到蓝鲸都是由碳原子组成的各种有机物构成的；因此碳原子有着惊人的多样性，也正因为碳元素的多样性能力，我们的生物界呈现出了多样化的有机分子结构。如同脂肪、碳水化合物、酶、维生素的分子一样，复杂的蛋白质分子正是以碳原子为基础的。不仅生命体如此，就连自然界的非生命体的构成也是如此——因为碳元素未必就是生命的象征。

有机化合物中最简单的构成便是碳氢化合物，其典型的代表便是甲烷，也称为沼气。它是常年没于水下的有机物经细菌分解而形成的气体。它若以适当的比例与其他助燃气体（例如空气）混合后，便成了煤矿内具有超强杀伤力的“瓦斯气体”。它的分子结构简单而美观：由一个碳原子加上四个依附于其的氢原子构成。如今，科学家们已经发现可以将其分子结构中的一个或多个氢原子用其他元素取代，进而研制出甲烷分子的变异体。例如，若用一个氯原子来代替其中一个氢原子，氯代甲烷便产生了。同样的，若除去其中的三个氢原子并用氯取代，我们便得到麻醉剂氯仿（三氯甲烷），而若以四个氯原子取代所有的氢原子，我们最终可以得到四氯化碳——我们常用的洗涤液。

这里我们用最简单的术语，以甲烷分子的反复变化为例，说明了氯化烃的来龙去脉。可是，相对于烃这种有机结构背后复杂的化学世界而言，这种浅显的说明方式并不能给奋战在科研一线的有机化学家提供什么价值，供他们创造出变幻无穷的新物质。因为复杂的有机世界并不是像甲烷分子那么简单，而是由许多碳原子组成烃分子后通过复杂的排列组合构成全新的物质。有时，它们排列成环状或链状，还有侧链和侧环。而依附于这些侧链和侧环的又是五花八门的化学键：不仅会有简单的氢原子或氯原子，甚至还会有多种多样的原子团。最为不可思议的是，只要这些分子结构稍有变化，其所构成的物质本身的整个特性也会发生翻天覆地的变化；例如碳原子上附着的元素，甚至这些元素附着的位置一旦发生变化，构成的物质就会不同。正是因为这种分子构成上的巧妙变化，带有非凡破坏力的毒剂便横空出世。

滴滴涕（双对氯苯基三氯乙烷的简称）是一八七四年首先由一位德国化学家合成的。但其作为杀虫剂的特性直到一九三九年才被人发现。紧接着，滴滴涕便因其在根除害虫、防治传染病上的奇效而享有盛誉。因为它确实能够帮助农民在一夜之间消灭农田里的害虫。滴滴涕的发明者，瑞士的保罗·穆勒曾因此获诺贝尔奖。

如今滴滴涕已经被广泛使用，而且甚至已经成了人们生活中司空见惯的存在。也许，在人们的心目中，滴滴涕是无害神话的诠释者，而且有着这样的事实依据：早先，人们曾将滴滴涕的干粉喷洒在成千上万的士兵、难民和俘虏身上，帮助他们清除虱子。因此，人们理所当然地认为：既然之前有那么多人有过和滴滴涕亲密接触的经验，而且安然无恙，那么这种药物肯定是无害的。这种看似合理的误解其实源于一种特定的事实——那就是它与别的氯化烃类药物不同——呈粉状的滴滴涕并不容易通过皮肤被人体吸收。而若将滴滴涕溶于甘油，那么它将会露出狰狞的本来面目——含有剧毒。如果一旦被人吞咽下去，它的毒素将会通过消化系统被迅速吸收，而且还会通过肺部被吸收。一旦进入人体，滴滴涕就会潜伏于富于脂质的器官内（滴滴涕具有脂溶性），如肾上腺、睾丸、甲状腺等器官。它一旦进入体内，就会有相当多一部分残留在肝脏、肾脏以及包裹在肠道周围的脂肪里。

滴滴涕在人体内的积存过程是从我们可接受的最小吸入量开始的，慢慢囤积于体内，一直达到相当高的储量后才停止囤积。这些留存在含脂器官中的滴滴涕就像生物放大器一样。凡是随着食物摄入到人体内的滴滴涕，哪怕只有食物的千万分之一，在体内却可被放大至百万分之十到十五的含量，也就是增加一百多倍。此类数据可能在化学家或药物学家的眼里不足为奇，但对我们大多数人来说却是那么陌生。确实，百万分之一听起来是一个非常渺小的数字；但是，就是这么小的一个数字却蕴含着巨大的力量，足以引起人体内的巨大变化。我们曾用动物做过实验，结果显示仅仅百万分之三的滴滴涕含量就能阻止心肌中某种主要的酶的活性；仅百万分之五的含量就能引起肝细胞的坏死和瓦解。此外，与滴滴涕极为类似的药物——狄氏剂和氯丹等化学物质在人体内的含量只要达到了百万分之二点五，也能产生和滴滴涕相同的恐怖效果。

这样的结果也许就在人们的意料之内。因为在日常生活中，就算在正常的人体内经常会发生因为某些微不足道的原因引起严重后果的情况。比如，仅仅万分之二克的碘就能造成健康与疾病的差别。然而，就算摄入的量再少，杀虫剂一旦进入体内便会残留下来，而且只能通过肝脏以非常缓慢的速度排泄至体外。所以，如果肝脏和相应的器官一旦慢性中毒或者出现退化病变症状，我们的健康将会受到极大的威胁。

对于人体内究竟可以残留多少滴滴涕，科学家们的看法尚不一致。食品与药物管理局药物学主任阿诺德·李赫曼博士说："对于滴滴涕的贮存，既没有一个最低含量——如果低于这个标准，滴滴涕不会被吸收，也没有一个最高含量——如果高于这个标准，人体将会停止对滴滴涕的吸收。”而另一方面，美国公共卫生处的威兰德·海斯博士却持不同意见。他认为在人体内，滴滴涕的含量会有一个临界值。如果人体摄入滴滴涕含量超过这个值，就会将多余的量排出体外。但就实际目的性而言，这两人的论断究竟谁对谁错其实并不重要。对于残留在人体内的滴滴涕，我们已经做了充分的调查。无论如何，我们知道，滴滴涕残留在人体内绝对是一个潜在的威胁。种种研究结果表明，人体内滴滴涕的平均残留量为百万分之五点三到百万分之七点四。农业工人体内的残留量为百万分之十七点一；而在杀虫药厂工作的工人体内的含量竟然高达百万分之六百四十八；由此可见，滴滴涕在人体内的残留量范围是相当广的；而且，最要命的是，这里所列举的最小含量也足以损害肝脏及其他人体器官或组织。

滴滴涕及同类药剂还有一个最险恶的特性。它们可以通过食物链进行传播，也就是通过食物的摄取过程从一个生物传递至另一个生物。例如：人们在苜蓿地里撒了滴滴涕粉剂后，滴滴涕便通过土壤传递至苜蓿。再用这样的苜蓿作为鸡饲料，滴滴涕便进入了鸡的体内，然后鸡所生的蛋就含有滴滴涕了。再以干草为例，它含有百万分之七至八的滴滴涕。当人们将它作为饲料喂养奶牛，牛奶里的滴滴涕含量就会达到大约百万分之三，然后再用这种牛奶制成奶油，因为经过了浓缩，滴滴涕的含量会猛增至百万分之六十五。以此类推，滴滴涕通过上述类似的转移过程，本来含量极少，后来经过浓缩，含量会逐渐上升。因此，美国的食品与药物管理局不允许洲际流通的牛奶中含有杀虫剂残毒，但如今的农民们却发现，他们已经很难给奶牛弄到未受污染的草料了。不仅如此，这种化学药品的毒素还可以由母体直接传递到子女身上——食品与药品管理局的科学家们已经从人奶的取样试验中发现了杀虫剂的影子。这就意味着我们用人奶哺育的婴儿，除了他们体内已经积存的毒性物质之外，还要接受来自母体的毒素。虽然含量不高，但这种毒素的传递却是源源不断的。然而，这并不是婴儿初次涉险，因为我们有充足的理由相信，当他们还在母体子宫内时，这种毒素的传递就已经开始了。人类曾经拿动物做过实验。实验结果表明，在孕期，像氯化烃一类的有毒物质能轻易地突破胎盘的防线，进入胚胎。

众所周知，胎盘历来被看作是母体内为胚胎隔离有害物质的重要防线。尽管婴儿这样吸收的药量不大，造成的危害却往往不小。因为婴儿对于毒性要比成人敏感得多。这意味着，今天的我们早在母体之内就开始不停摄入并积存毒素，而且毒素的摄入量与日俱增。我们的生命就是在这种情况下孕育而生的（从此以后，我们的身体必须继续承受这样的毒素并运转下去）。

上述的所有事实都表明：有害物质在体内一旦存积下来，就算含量再少，经过日积月累，再加上不同程度的肝脏受损（正常的饮食也会磨损肝脏等器官），危害巨大。食品与药品管理局的科学家们早在一九五〇年就宣布："我们很可能一直低估了滴滴涕的潜在危险性。"医学史上还没有出现过这种类似的情况。而终究其结果如何，也还无人知晓。

氯丹——另一种氯化烃，也和滴滴涕一样具有这些令人恐惧的特点。不仅如此，它自身还具有独特的属性。它的残毒能长久地留在油脂和食物中，或者留在与之接触的物体表面。只要一有机会，它便可潜入人体——要么通过皮肤吸收；要么以喷雾或粉屑的方式进入人的呼吸道；当然，当它混进食物里，便可在人们进食的过程中进入人体，进而被消化道吸收。和其他氯化烃一样，氯丹一旦进入体内，很难排泄，而且会在人体内大量地存积下来。曾经有动物实验的数据表明：如果食物的氯丹含量仅为百万分之二点五，那么日积月累的进食将会导致机体脂肪内的氯丹贮量高达百万分之七十五。

李赫曼博士是一位经验丰富的药物学家。他曾在一九五〇年这样描述氯丹："这是杀虫剂中毒性最强的药物之一，任何人只要接触它便会中毒。"然而，郊区的居民并没有把这一警告放在心上。相反，他们竟然肆无忌惮地将氯丹掺入治理草坪的粉剂中。当时，这些当地居民并没有马上出现病变。从表面上看，似乎没有什么问题。但毒素却长期潜伏在人体内，经过数月甚至好几年以后才爆发出来，显得毫无规律。到那时，我们就不大可能查出原因了。谁也想不到，让人们患病的元凶竟是之前掺入粉剂中的氯丹。但有时候，死神也会很快地袭来。有一位受害者曾一不小心把一种百分之二十五的工业溶液溅洒到皮肤上，不到四十分钟，便出现明显的中毒症状，还未来得及医治便死去了。一旦出现这种突发症状，医护人员是不可能有先见之明，及时抢救患者的。

七氯是氯丹的成分之一，作为一种独立的药物制剂在市场上销售。它可以在脂肪里长期沉积下来。哪怕食物中七氯的含量仅为千万分之一，也会通过进食在人体内残留下来。另外，它还具有一种奇特的能力，那就是在条件允许的情况下能发生化学变化，生成一种叫作环氧七氯的新毒物。土壤、动植物的体内都是滋生这种物质的温床。人们曾用鸟做过毒性测试。结果表明，这种环氧七氯比七氯的毒性更强。而仅七氯的毒性就是氯丹的四倍！

早在二十世纪三十年代中期，人们发现了一种特殊的烃——氯化萘。因职业需要，长期与之接触的人会患上肝炎，严重的甚至不治而亡。长期以来，电业工人就饱受这种化学物质的折磨，致死者更是大有人在。不仅如此，近年来，就连农业也开始受其影响。牛羊等牲畜相继染上了一种致命的疾病，而致病的元凶便是氯化萘。以上血淋淋的事实告诉我们，由这三种有裙带关系的烃类化学产物构成的杀虫剂，毫无疑问是毒性最强的。这些杀虫剂就是狄氏剂（氧桥氯甲桥萘）、艾氏剂（氯甲桥萘）和安德萘。

狄氏剂是为纪念一位德国化学家狄尔斯而命名的杀虫剂。当人们不慎将其吞食时，其毒性约相当于滴滴涕的五倍。但若不慎将其溅洒在皮肤上并吸收之后，其毒性则相当于滴滴涕的四十倍！一旦中毒，患者就会马上发病，而且进入体内的毒素会迅速蔓延，并对神经系统造成严重伤害——患者会因此而惊厥。因此，狄氏剂恶名远扬。若不慎中毒，患者的恢复相当缓慢，足以证明狄氏剂毒性在人体内顽强的残留特性。至于其他的氯化烃，其毒性都会对肝脏造成严重伤害。然而，人们似乎并不在意这些后果。正因为狄氏剂毒性巨大而顽强，目前它已成为人们使用最广的杀虫剂之一。这样一来，就连自然界的野生动物也饱受其害。曾有人用鹌鹑和野鸡做过试验，证明了狄氏剂确实会对野生动物造成巨大伤害。

然而，狄氏剂是如何在体内积存和分布的，又是怎样排泄出去的呢？目前我们还无从得知。因为科学家们只热衷于发明强效杀虫剂，而对这方面的研究却鲜有关注。但是，确凿的证据表明，这些毒素可以长期残留在人体内。久而久之，这些沉积的毒物犹如一座休眠的火山，一旦身体的脂肪积蓄到一定程度，就会爆发。我们了解的这些真理，都是通过世界卫生组织开展的抗疟运动的艰难经历才学到的。

一旦疟疾防治工作中用狄氏剂取代了滴滴涕（因疟蚊已对滴滴涕有了抗药性），负责喷药的工作人员中就开始出现中毒病例，而且发病剧烈——超过半数甚至全部中毒者会发生痉挛，而且有不少人丧命。而且有人自确诊中毒后四个月才出现痉挛症状。另一方面，艾氏剂则多少带点神秘的色彩。尽管它是一种独立的化学药剂，却与狄氏剂有着千丝万缕的联系。当你把胡萝卜从一块用艾氏剂处理过的苗圃里拨出以后，会发现它们含有狄氏剂的残毒。这种变异既发生在生物机体内，也发生在土壤里，就像炼金术一样，因此也导致了许多错误的报道。因为当化学家要检测施用了艾氏剂的样本药剂残留时，他误认为艾氏剂残毒已被全部去除。但其实余毒尚存，只不过摇身一变，成了狄氏剂。而这一变化需要试验才能发现。

跟狄氏剂一样，艾氏剂也含有剧毒。它能造成肝脏和肾脏衰竭病变。仅仅如阿司匹林药片大小剂量的狄氏剂就足以杀死四百多只鹌鹑。人类中毒的许多病例是留有记录的，其中大多数与工业管理有关。

艾氏剂与其他多数杀虫剂一样，给未来投下一层令人不安的阴影——不孕症。如果在野鸡的食物里掺杂很少的剂量，它们并不会被毒死，但到产卵时，下的蛋数量却少得可怜。而且，雏鸟破壳而出时，很快就死去了。不仅是飞禽，老鼠中毒后，受孕率也大大减少，而且出生的幼鼠也多为病态和畸形，很快就死去了。母狗中毒后，生下来的小崽不到三天就死了。只要母体中了这种毒，便会殃及幼体。目前尚不知这种毒对人体是否也有类似危害，然而这一农药业已由飞机大量喷洒，遍布城郊和田野了。

安德萘是所有氯化烃药物中毒性最强的。虽然其化学性能与狄氏剂有相当密切的关系，但只要让其分子结构稍加改变就能使它具有相当于狄氏剂五倍的毒性！跟它比起来，上文所述滴滴涕——杀虫剂的鼻祖的毒性简直是小巫见大巫。对于哺乳动物而言，它的毒性是滴滴涕的十五倍，对于鱼类则是二十倍，而对于一些鸟类来说，毒性竟高达三百倍。

在安德萘投入使用的短短十年间，它已毒死了不计其数的鱼类，毒死了误入喷了药的果园的牛羊，也污染了井水。因此，不止一个州的卫生部发出严厉警告说，对安德萘的滥用正在威胁着人的生命。

美国曾经发生过一起悲惨的安德萘中毒事件。但在整个事件中，并没有明显的疏忽之处。而且，为防止中毒还有很多预防措施。事件的主要人物是一位年满周岁的美国小孩。父母带着他移居委内瑞拉后，在他们的新居发现了蟑螂。于是，几天后，孩子的父母便在屋内用含有安德萘的药剂除了一次虫。当时打药的时间是在上午九点左右。在打药之前，父母特意将小孩和家里的小狗带到屋外。喷药之后，他们将地板进行了擦洗。当天下午，孩子和小狗回到了房间。仅一个小时过后，小狗发生了呕吐、惊厥并很快死去。就在当天夜里十点，这个婴孩也发生了呕吐、惊厥并失去了知觉。后来经过抢救虽然脱离了生命危险，但经过了那次与安德萘触目惊心的近距离接触之后，本来活泼健壮的孩子变得差不多像个木头人一样——看不见，也听不见；动辄就发生肌肉痉挛。显然，他已经完全与周围的环境隔绝了。后来父母带着他到纽约一家医院治疗数月，也未见这种症状有丝毫好转的迹象。负责护理的医师告诉家属："很难保证孩子的症状会有好转，更别说康复了。"

第二大类杀虫剂的主要成分是烷基和有机磷酸盐，属于世界上毒性最大的药物。使用这种杀虫药造成的最明显的危险便是急性中毒的症状——只要使用这种农药的人跟它稍有接触，就会急性中毒，哪怕是偶尔吸入一点随风飘散的药雾，触碰到被撒了药的作物表面，或者接触到装药的容器。在佛罗里达州，两个小孩发现了一只空袋子，就用它来修补了一下秋千，其后不久两个孩子都死去了，他们的三个小伙伴也得病了。这个袋子曾用来装过一种杀虫药，叫作对硫磷（1605）——一种有机磷酸酯；试验结果证实了死亡正是对硫磷中毒所致。还有一次，威斯康星州有两个小孩（堂兄弟俩）也因此丧命。当时，一个在院子里玩耍，当时他的父亲正在给马铃薯喷射对硫磷药剂，药雾从旁边的田地里飘来，孩子顿时中毒。另一个正兴高采烈地跟着跑进地里，出于好奇，他仅仅把手在喷雾器的喷嘴处放了一会儿，也中毒了。两个孩子都在当晚死去。

这些杀虫剂的来历有点讽刺的味道。虽然有些药物本身——磷酸——早已问世多年，而它们的杀虫特性却直到二十世纪三十年代末期才被一位叫格哈德·施雷德尔的德国化学家发现。随即德国政府就认可了这些药物的价值——这是人类发动战争时的一种新的毁灭性武器。随后，在极端秘密的情况下，人们开始研究这类药物，并研制出了能导致神经错乱的致命毒气。还有些化学构成为同属结构的物质被制成了杀虫剂。

有机磷杀虫剂则以一种奇特的方式对生命机体产生影响——摧毁体内的酶。众所周知，酶在生物体内起着非常重要的作用。此类杀虫剂能摧毁神经系统，不管是一只昆虫或者是个凶猛的庞然大物。通常情况下，神经脉冲是借助一种叫作乙酰胆碱的“化学传导物”传递至体内各处神经。这种乙酰胆碱在履行完一次神经传导后便立即消失。因此，它的转瞬即逝让医学研究人员（若没有特殊的处理办法）也没办法在其被销毁之前对它取样试验。正因为它的一次性传导作用，生命机体才能正常运作。一旦这种乙酰胆碱在进行神经传导后无法及时销毁，那么它将和后来的乙酰胆碱继续发挥着传导作用。这样一来，神经的传导将会越来越强烈，最终导致整个身体的平衡遭到破坏；很快，震颤、肌肉痉挛、昏厥，甚至死亡将会降临到我们的头上。

为了维持身体的正常机能，我们体内有一种叫胆碱酯酶的保护性酶。每当身体不再需要传导物质时，这种酶便能销毁乙酰胆碱，从而使身体机能保持平衡。另一方面，正因为这种酶的存在，人体内的乙酰胆碱也从未集聚超标。可是，一旦与有机磷杀虫剂接触，人体的保护酶便遭到破坏。而且，当这种酶减少时，传导物质的含量就积聚起来。在这一点上，有机磷化合物与生物碱毒质蝇蕈碱（据报道来自一种有毒的蘑菇——蝇蕈）类似。

当人体不断受到上述药物侵害时，体内的胆碱酯酶含量会不断下降。当含量下降到某个临界值时，人体就会濒临急性中毒的边缘，稍有不慎，便会陷入急性中毒的深渊。因此，长期从事喷药操作及其他经常与毒素接触的人们必须定期做血液检查。

对硫磷是目前用途最广的一种有机磷酸酯。它的药性最强，因此也是最危险的药物之一。蜜蜂一旦与之接触就会变得"狂乱不安，躁动而好战"，因而经常出现近似疯狂的行为，并且不到半小时就奄奄一息了。曾有一位化学家，为了以尽可能直观的方式了解人类对此类药物的耐毒性，他吞服了极其微小的药量，大约为 0.00424 盎司。紧接着，他就瘫痪了，并且在很短的时间内，他便离开了人世，以至于他连事先预备在手边的解毒剂都没来得及使用。据说在芬兰，对硫磷是现代人最中意的自杀药物。近年来，加利福尼亚州有报道称，每年平均发生两百多宗意外中毒事故，罪魁祸首都是对硫磷。在世界各地，对硫磷中毒造成的死亡率是令人震惊的。一九五八年，印度就发生过一百起对硫磷中毒致死的案例，叙利亚也有六七十起；就连日本，据统计每年平均也有三百三十六人因此而中毒身亡。

尽管有如此令人发指的事实，每年都有七百万磅左右的对硫磷通过手工操作的喷雾器、撒粉机、电动鼓风机，甚至是飞机撒向美国的农田或菜地。按照一位医学权威的说法，每年光施加于加利福尼亚农场里的对硫磷就能"够全人类死五至十次"了。

当然，在少数情况下我们也能幸免于难。其中一个重要的原因是对硫磷及其他本类药物分解得相当快。故与氯化烃相比，这类药物在庄稼上残留的毒性持续时间不长。然而，这类药物的剧毒足以在很短暂的时间内给生命机体带来各种致命的危害。据报道，在加利福尼亚的里弗赛德，采摘柑橘的三十位工人中有十一人身染重疾，而且除一人外都不得不住院治疗。他们的症状就是典型的对硫磷中毒，因为就在两周半前，曾用对硫磷对橘林进行过杀虫处理。而经过了十六到十九天后，对硫磷的残留仍有剧毒，因此，采摘工人才会出现干呕、近乎失明和半昏迷的病状。而这件事也并不能说明对硫磷残毒的有效期。早在一个月前，用对硫磷除过虫的橘林里也发生过类似事件；甚至在用药过后半年之久，我们还是可以在柑橘的果皮里发现对硫磷的残毒。

有机磷杀虫剂对在田野、果园、葡萄园里施药的工人非常危险。因此在美国境内，凡是广泛使用这些药物的州都设立了许多化学实验室——医师们可以随时诊断中毒症状，同时，政府也对此投入大量的医疗资助。尽管如此，在这些医疗机构中工作的医生也处在危险之中。因此，在治疗中毒患者时，医生们必须带上橡皮手套；负责清洗患者衣物的洗衣工也同样面临着中毒的危险，因为这些衣物上很可能残留着对硫磷，剂量足以使其中毒。

马拉硫磷也是一种有机磷酸酯。它的知名度不亚于滴滴涕，是园艺工必备的除虫药。此外，马拉硫磷也是居家灭虫驱蚊的常备药剂。例如：佛罗里达州的一些社区就用它来对近百万亩土地消毒，目的仅是消除一种地中海果蝇。相对而言，马拉硫磷被认为是此类药物中毒性最小的了；因此许多人开始理所当然地认为这种农药是安全的，剂量无须控制。就连商业广告也在大肆宣扬这种乐观的态度。

其实，马拉硫磷所谓“安全性”的依据却是相当危险的。而人类也是经过了数年之后（这种情况已经司空见惯了）才意识到这一点。马拉硫磷之所以“安全”，仅仅是因为哺乳动物的肝脏——具有强大保护力的器官——可以分解它的毒素罢了。其实，分解这种毒素的正是肝脏中的一种酶。然而，如果有什么东西毁坏了这样的酶或者干扰了它的活动，那么，马拉硫磷的毒性就会给人体带来毁灭性的打击。

不幸的是，这种事情往往屡见不鲜。就在几年前，一些食品与药品管理局的科学家们发现：同时施用马拉硫磷和某种其他的有机磷酸酯时，人体便会出现严重的中毒症状。而且，这种毒性高达两种药物毒性相加的五十倍。也就是说，若将两种药物混合起来，每种药剂只需要其致死剂量的百分之一，这种混合物便能产生致命的效果。

这一发现导致了人们开始对其他化合作用的研究。目前已知，通过混合的作用，对磷酸酯的毒性会大大增强或“强化”。很多对磷酸酯类杀虫剂是非常危险的。毒性的强化是因为一种化合物破坏了瓦解另一种毒素的酶。就毒性而言，混合毒剂是没有必要的。在这周，人们使用了一种毒剂，而在下周使用另一种毒剂的时候就有中毒的危险。同时，喷雾药品的消费者也会有中毒的危险。普通的沙拉里也很容易出现两种磷酸酯杀虫剂的混合物。虽然剂量在法定许可范围之内，但两种毒素会产生反应。

对于化学药物相互作用的危险性，我们目前知之甚少，但总有一些令人不安的新发现源源不断地从科学实验室里涌现出来。其中的一项发现是：一种磷酸酯的毒性可以用另一种药剂（不一定非要用杀虫剂）来增强。比如，相比于杀虫剂而言，用一种增塑剂可以让马拉硫磷的毒性更加危险。同样，这又是因为它抑制了肝脏酶的功能。而在正常情况下，这种酶能够拔除杀虫剂这颗“毒牙”。

那么在正常的人类生存环境中，其他的化学制品又如何呢？特别是医药制品又如何呢？关于这方面的研究，人类才刚刚起步。尽管如此，我们已经知道，有机磷酸酯（对硫磷和马拉硫磷）能够增强某些用来松弛肌肉的药物的毒性。而还有几种磷酸酯（仍包括马拉硫磷）能够显著增加巴比妥酸盐的休眠时间。

传说希腊神话中有一位名叫美狄亚的女子，因情敌抢走了她的丈夫伊阿宋而大怒。于是，她心生一计。作为新婚贺礼，她赠予新娘一件带有魔力的长袍。蒙在鼓里的新娘穿上了这件长袍，立刻暴病而亡。这个间接的死法如今已经成了现实。一种名为“内吸杀虫剂”的药物便有此功效。这些化学药剂具有奇特的性质，能使与之接触的动植物带上剧毒，就像美狄亚的长袍一样。这样一来，凡是与这类动植物接触的昆虫都将丧命，尤其当它们吮吸植物的汁液和动物的血液的时候。

内吸杀虫剂给人类呈现了一个难以想象的奇幻世界，甚至超出了格林兄弟的想象力。它的奇幻程度不亚于查理·亚当斯的漫画世界。它的世界是这样的：在这里，童话中魅力四射的森林已经不复存在，取而代之的是剧毒笼罩的恐怖森林。这里的昆虫一旦咬下一片树叶，稍加咀嚼，或者只要吸吮植物的汁液便会一命呜呼。在这个世界里，跳蚤一旦叮咬了狗就会死去。因为狗的血液是有毒的。这里的植物会散发出有毒的水汽，昆虫一旦沾染也会死去。这里的蜜蜂采集的花蜜都有剧毒，自然它们在蜂巢中酿制的花蜜也是有剧毒的。

昆虫学家如今终于证实了某些杀虫剂是植物内部自生的。而这项证据是被应用昆虫学科研工作者发现的，因为他们受到了大自然的启发：他们发现，在含有硒酸钠的土壤里生长的麦子曾免遭蚜虫及红蜘蛛的侵袭。而硒作为一种天然的化学元素，尽管含量不大，却广泛存在于世界各地的岩石和土壤里。这样，第一种内吸杀虫剂就产生了。

内吸杀虫剂主要具备这样一种能力：首先，它能完全渗透到植物或动物的体内，并蔓延至机体内的全部组织，使其中毒。氯化烃类和有机磷类的某些药物具有这种能力。这些药剂大部分是人工合成的，也有一些是自然生成的。然而，在实际的应用中，人们往往从有机磷类的化学物质中提取这类药物，因为这样一来，我们就能在一定程度上弱化残毒处理的遗留问题。

此外，内吸杀虫剂还可以其他的方式间接生效。如果用此药浸泡种子，或与碳混合，形成一种外膜，那么药效便可通过种子传递到植物后代体内。长出来的幼苗能杀死蚜虫及其他吮吸类昆虫。一些蔬菜，如豌豆、菜豆和甜菜有时就具有这种保护特性。在加利福尼亚，这种具有杀虫剂特性的棉籽已被人们广泛应用过一段时间了。但是，就在一九五九年，这里曾有二十五个农场工人在圣华金河种植棉花时不幸中毒，原因是他们用手拿过装着种子的口袋。

在英格兰，曾有人想知道，一旦植物经内吸杀虫剂处理后，蜜蜂采集的花蜜是否带毒。因此，在当地，有人对经过一种叫八甲磷的农药处理过的植物做了调研，结果表明尽管人们用农药处理这些植物时花期未至，植物开花后，花蜜内却含有这种毒素。结果可想而知，蜜蜂采集酿造的花蜜自然也是被八甲磷污染过的。

使用在动物身上的内吸杀虫剂主要被应用在牛蛆的防控上。牛蛆这种寄生虫对牲畜具有极大的破坏力。因此，我们在用杀虫剂对牲畜处理时，必须非常小心，既要能有效杀灭寄生虫，又要确保施药剂量不会引发中毒。这两者的平衡非常微妙。供职于政府的兽医们已经发现，即使剂量很小，频繁用药也能逐渐破坏动物体内的保护性酶——胆碱酯酶的供应。因此，若未加警告，稍有过量便会引起中毒。

许多明显的迹象表明，一场与我们日常生活密切相关的革新正拉开帷幕。现在，为了除掉狗身上的跳蚤，你可以给它喂食一粒药丸，据说这种药丸可以让它的血液中带有能杀死跳蚤的毒素。同样，发生在牛身上的危险自然也会出现在狗的身上。截至目前，还没有人建议将这种除虫的方法运用在人的身上；让人血含有内吸杀虫剂，驱防蚊虫。也许，这是我们下一步的研究工作。

到目前为止，我们在这一章节内讨论的主要内容都是使用哪些药物能杀死昆虫。那么我们的除草运动又开展得如何呢？

人们迫切希望找到一种简单快速的方法除掉杂草，因此，一大批化学药剂相继问世，而且产量不断增加。它们有一个共同的名字——除莠剂，说白了就是除草剂。关于这些药物的使用情况及误用危害，本书第六章会有详细论述。而我们这里谈到的问题是，这些除草剂是否带毒，会不会污染生态环境。

现在有一种言论已经传播开来，尽人皆知。那就是除草剂仅对植物有毒而对动物无害。可事实并非如此。这些除草剂包罗了种类繁多的化工药物，不仅对植物有毒，也能破坏动物的机体组织。这些药物对生命体的作用千差万别。有些药剂毒性一般，有些则会剧烈地刺激新陈代谢，从而导致体温升高至危险程度；还有一些药物（单独使用或与其他药品混用）会让身体长出恶性肿瘤；更有一些药物会损害生物的遗传基因，引起突变。这样看来，除草剂的危害并不亚于杀虫剂，都包含着十分危险的药物。

尽管现在从实验室里涌出的新药琳琅满目，日新月异。但含砷化合物仍然是使用得最广泛的农药，既是杀虫剂（如前文所述），也是除草剂。它们通常的存在形式是亚砷酸钠。它们自从被投入使用后，人们就对它的药效感到不安。为了除去路边的杂草，这种喷雾已经让无数的农民失去了自己的奶牛，还殃及了无数的野生动物。不仅如此，为了除掉湖泊、水库中的杂草，人们的施药行为已经污染了大片的公共水域，别说饮用，就连游泳都很危险；为了除掉藤蔓，人们把这种除草剂撒到马铃薯田里，已让人类和其他动植物为此付出了惨痛的代价——生命。

硫酸可以用来焚烧蔓草，但自一九五一年起，可能因为缺少硫酸，英格兰的马铃薯田里也开始广泛使用含砷的除草剂。农业部曾建议，有必要对喷过含砷农药的农田设置警告牌。但是，牲畜听不懂这种警告。（野生动物和鸟儿也是听不懂的——这是肯定的。）因此，经常有报道称，牲畜误入施过药的农田而中毒。不仅如此，死亡甚至降临到一位农妇的头上，因为她饮用了砷污染的水。直到这时，一家在英国生产化工产品的大企业停止了含砷喷雾剂的生产，并召回了所有经销商手中的药物。不久以后，农业部发布消息称：鉴于对人畜的高危性，以后将严格限制亚砷酸盐类药物的使用。时隔两年，澳大利亚政府也宣布了类似的禁令。然而，美国却没有这种限制，这些毒物依旧大肆横行。

另外，某些“二硝基”化合物也被用作除草剂。它被美国政府认定为当今同类化工制品中最危险的制剂之一。二硝基酚是一种强烈的代谢兴奋剂。因此，人们曾一度用它制成减肥药。然而，减肥所需的剂量和引起中毒的剂量差别非常细微——以至于好几位顾客因服用这种减肥药而中毒身亡，更有大批的人因此遭受到永久性的伤害。

还有一种药物——五氯苯酚，也称为“五氯酚”，也是既可用作杀虫剂，也可用作除草剂，与上述药物同属。这种药物常常喷洒在铁路沿线及荒无人烟的地区。小到细菌，大到人体，五氯酚对自然界各种有机体的毒害极大。跟二硝基药物一样，它也干扰着生命体内的能源（而且往往是致命的效果），使生物体的生命力迅衰竭。加利福尼亚州卫生局最近报道的一例致命中毒事件中，五氯酚的毒性得到了具体说明。一位油罐车司机将柴油与五氯苯酚混合在一起，配制出了一种棉花落叶剂。当他正从油桶里汲出这种药物的时候，桶栓意外地倾落了回去。当时他也没有在意，把手伸进了桶里把桶栓复至原位。尽管他当即就洗净了双手，但还是急性中毒，并在次日与世长辞。

虽然有些除草剂——诸如上述的亚砷酸钠或酚类药物的恶果是显而易见的，而还有一些除草剂的危害却非常隐蔽。比如，众所周知的氨基噻唑是专门针对红莓的除草剂，我们都认为它的毒性并不大。但是，当我们仔细研究便会发现，它会引起甲状腺恶性肿瘤的趋向。这不仅对于野生动物，恐怕对人类的影响也是极其深远的。

因能导致基因变异，除草剂中还有一些药物被认定为“致变物”。虽说我们对辐射导致的基因变异唏嘘不已，那么，对于身边的这些广泛施用的化学药剂殊途同归的后果，我们又怎能熟视无睹呢？

## 第四节　地表水和地下海

人类赖以生存的大自然中虽然蕴含着丰富的资源，但水资源却异常珍贵。尽管我们的星球大部分被水覆盖，但我们能用的水资源却十分稀少。这种论断看似矛盾，却是不争的事实。殊不知，汪洋大海中的水是无法使用的，因为含盐量过高。而我们的工业、农业和日常所需的却是淡水。因此，在人口数量日益庞大的今天，我们面临着水资源严重不足的威胁。即使这样，人类仿佛忘记了自己的起源，又无视生命之源的基本需求。自然而然的，地球上本就稀少的水资源也就和其他资源一样，成了人类胡作非为的牺牲品。

显而易见，杀虫剂是污染水资源的罪魁祸首之一。除农药外，人类污染大自然的原因有很多：有的来自反应堆、实验室和医院的放射性化学残留；有的来自人类进行核试验后的危险废料；有的则是从城镇排污系统中流出的日常垃圾；甚至还有从化工厂排出的化学废料等等。而现在，一位新的不速之客从天而降，也开始污染我们日益枯竭的水资源。这就是人们用于除虫的化学喷雾剂。这种化学制剂对农田、果园、森林和田野造成了莫大的威胁。因为它的到来，本就庞大的污染大军中，有许多化学药物死灰复燃，并且释放出剧毒，危害甚至超过放射性元素。这是因为这些化学药物之间存在着许多险恶的，而且鲜为人知的化学联系。借此，污染物的毒性发生了变异和增强。

自从化学家们开始热衷于实验室的研究工作以来，新的化学物质相继问世。正因如此，水的净化开始变得纷繁复杂。一种前所未有的危险正在一步步靠近地球上的生物。众所周知，从二十世纪四十年代开始，人类发明了大量的化学药物。如今，这些药物的产量正在增加。因此，大量的化学污染以排山倒海之势涌入美国境内的大小水域。当它们和家庭废弃物混合时，便可“逃过”污水处理厂的化学检验。而且，大多数的化学合成物性质稳定，必须采用非常手段才能将其分解。而且，它们极具伪装性，人们通常无法探知它们的存在。所以说，真正污染我国淡水资源的，不是单一的化学物质，而是经过融合之后产生出来的新东西。环保工程师往往对这种情况无计可施，只能绝望地称这种新化合物为“污物”。来自马萨诸塞州工艺学院的卢佛·爱拉森教授曾当着议会成员的面斩钉截铁地发表了证词，认为目前人类根本无法认知这些化学物质的混合效果。而对于由此产生的新型有机物，人类更无法揭开它们的神秘面纱。他说：“那些东西究竟是什么，我们一无所知。它们对人类有什么影响，我们更是一窍不通。”

人类为了消除害虫、啮齿类动物或杂草，大量使用各种化学药物。而正是这些化学药物的出现，使得这些有机污染物泛滥成灾。人们将农药撒在水里，本来是想除掉某些有害的植物、昆虫或者杂鱼；人们将农药撒进森林，本来是想控制害虫，保护本州的二三百亩土地。但是，这些农药却形成了大量的有机污染物，混入水体，侵袭森林，隐藏于茂密的植被下，顺势渗入地下水脉，缓慢流向大海。这些农药原本只是人类用来清剿害虫和啮齿类动物的。但在雨水的作用下，它们离开了地面，成为了自然界水循环的一部分。

在我们的河流里，甚至在公共用水系统中，这些化学药物随处可见。例如，人们曾经做过一次试验：首先，研究人员从潘斯拉玛亚的一个果园中汲取了一些饮用水，然后在水里放了一些鱼。不到四个小时，这些鱼相继死亡，原因是饮用水中含有许多杀虫剂。即便经过了完备的污水处理，灌溉过棉田的溪水对鱼来说仍然是致命的。在亚拉巴马州田纳西河的十五条支流里，鱼类曾经遭受过灭顶之灾。而引起这一灾难的竟是灌溉农田的水。因为在流入水脉之前，这些灌溉用水曾接触过氯化烃。还有两条支流供给着城市用水。研究人员将一个装有金鱼的铁笼放在河流的下游处。在使用杀虫剂的一周后，笼内的金鱼相继死亡，这足以证明水依然是有毒的。

这种污染绝大多数情况下是无色无味的，因此人们经常感觉不到它们的存在。直到有一天，成千上万的鱼儿死亡时，人们才知道，这些可怕的化学毒物确实存在。负责研究水质净化的化学家们至今没有对这些有机污染物进行过定期检测，也没有办法去清除它们。不管人类是否意识得到，杀虫剂的确存在，而且会自然而然地与其他广泛使用的药物一起，流入国内的大小河流，几乎遍布国内的所有主要水域。

如果还有人持有怀疑态度，认为杀虫剂可能不会对我们的水体造成大面积污染，那么他真应该读读美国渔业及野生物管理局在一九六〇年印发的一篇小报告。报道中描述了研究中心的工作人员进行的研究工作。这项研究旨在探索杀虫剂对鱼类的影响，究竟毒素是否也会在它们体内积存，就像其他动物一样。第一批样品采集于西部森林的某些地区。人们此前在这里大面积喷洒了滴滴涕，目的是为了歼灭云杉树蛆虫。果然不出所料，所有鱼类的体内都含有滴滴涕。后来，调查人员来到了离喷药地区约三十里的地区，并对那里的一条小河湾进行采样分析。与喷药区的水样对比后发现，这里的鱼儿体内还是有滴滴涕的残留物。令人不可思议的是，这里是先前第一次采样区的上游，中间还隔着一个巨大的瀑布——这里根本就没有喷过农药。那么这里的滴滴涕是哪儿来的呢？是通过地下水脉的传递还是从空中飘来的呢？还有一次，研究人员在一个鱼群产卵区的鱼体内也发现了滴滴涕。而该地区同样也没有撒过药，但该区域的水来自一个深井。因此，唯一的可能是毒素是通过地下水传递过来的。

显而易见，相比于其他情况，地下水脉的大面积污染更让人们感到不安。可以肯定的是，人类想要在水里使用杀虫剂，势必会污染水资源。地下水脉四通八达，想要阻隔它与其他水域的联系是不可能的。雨水降落在地面上，通过土壤和岩石的空隙及裂缝不断向下渗透，最后流入地下。这儿的岩石浸没在水的世界中。这片海洋延绵不绝，起自某个山脚下，一直延续到山谷底部的地下世界。地下水总在不停地流动着，时慢时快。慢的时候，一年流动的距离都不到五十英尺；快的时候，每天流过的距离都能有十分之一英里。

地下水在纷繁复杂的水脉中绵绵不绝地流淌，最后在某处渗出地表，有时以泉水的形式呈现在人们面前，有时流入井中。但在大部分情况下，地下水会回到小溪或河流中。所以，我们不得不承认一个惊人的事实：地下水一旦被污染，全世界的水也就被污染了。

在美国，从科罗拉多州的化工厂里排出的有毒废料必定会渗入黑暗的地下海洋，并与地下水一起流向好几里远的农田。自然，那里的井水也遭到了污染。那儿的人们和牲畜相继中毒病倒；那儿的庄稼也遭到了毁坏。这只是众多同类情况中的一个典型案例。简单地说，事情的经过是这样的：一九四三年，丹佛附近的一个化学兵团的落基山军需工厂开始生产军用物资。八年以后，一家私人石油公司借用了这里的设施，开始生产杀虫剂。于是立竿见影，奇怪的现象相继发生。距离工厂几里地便是乡村，那儿的农民开始抱怨自己的牲畜染上了奇怪的不治之症，他们种植的庄稼被毁于一旦。树叶变黄了，植物也枯萎了。另外，还有一些与人的疾病有关的报告。

用来灌溉农场的水来自于井水。研究人员（一九五九年在由许多州和联邦管理处参加的一次研究中）对井水进行了化验，发现水里含有化学药物的成分。这些成分与洛杉矶军工厂投产期间排放出来的毒素相同。很明显，化工厂生产期间，其所排放出的氯化物、氯酸盐、磷酸盐、氟化物和砷通过地下水进入了井水里，同时也污染了地下水脉。在七到八年内，这些毒素随着地下水四处蔓延，最终到达了距离二里之外的一个农场。这种肆意蔓延的趋势造成的污染范围尚且无人知晓，如何遏制这种蔓延，研究人员更是束手无策。

本来情况就够糟了，但研究者们还发现了一件不可思议的事儿：

在军工厂的池塘和井里发现了用来除掉杂草的2,4–D。当然，这可以解释用井水灌溉会使作物死亡。但令人匪夷所思的是，这个兵工厂从未生产过这种农药。

经过一番认真研究后，人们终于发现：2,4–D是在野外池塘中天然生成的，并没有人工合成的痕迹。促使它合成的动力是空气、水和阳光，促使它生成的原料是兵工厂排出的其他化学物质。所以，这个池塘俨然成为一座研制新药的天然化学实验室，从这里源源不断地流出致命的化学药物，给周围的植物和生命带来了致命的危害。

科罗拉多农场的故事具有非常普遍的重要意义。除了科罗拉多，是否在化学污染流经的任何公共水域也会存在类似情况呢？在我国的其他水域中，空气和阳光是否同样扮演着催化剂的角色，将“无害”的化学药物纷纷变成致命的毒素呢？

说实话，人类对水资源造成的化学污染还包含着一个惊人的事实，那就是人类对水资源的污染造成的影响已经无处不在。无论是河流、湖泊或水库，还是在人们饭桌上的一杯水里都混入了这些有害的化学合成物。这些有毒的化合物是由各种化学物质混合而成，它们之间相互作用的可能性震惊了美国公共卫生部的官员们。他们开始感到恐惧，因为这些有毒的化学物质分布非常广泛，而且是由原来基本无毒的化学物质生成的。这种化学变异可以发生在两种或以上的化学物质之间，也可能隐藏于化学药剂和放射性废物——化学毒剂的催化剂之间。毕竟，通过辐射这种明显而且可控的方式，想要改变化学物质的性质，重排原子序列并不困难。

当然，被污染的不仅是地下水，就连地表水，如小溪、河流、灌溉用水都未能幸免。由此看来，位于加利福尼亚州的提尔湖和南克拉玛斯湖的国家野生物保护区确实岌岌可危。因为该保护区正好是北克拉玛斯湖生物保护区体系的一部分。而该生态保护体系正好跨越俄勒冈州边界。这也就意味着，在水资源共享的前提下，保护区内的一切都被紧密地联系在了一起。而这个生态系统就像一个被隔绝的孤岛，周围环绕着广阔的农田。在没有这些农田的时候，周围的这些区域原来是一片沼泽地，水鸟们把这里当成了乐园。但后来，人们修建了排水渠，抽干了河水，将这里改造成了农田。

灌溉这些农田的水来自北克拉玛斯湖。湖水流经农田后，又被抽进提尔湖，再从那儿流到南克拉玛斯湖。这也就意味着，位于这两个水域的生态保护区的所有水源都是经农田排放而出的。而这，却成了下面悲剧的导火索。

就在一九六〇年的夏天，保护区的工作人员在提尔湖和南克拉玛斯湖发现了惨不忍睹的一幕——成片的鸟儿莫名死去，还有一些鸟儿奄奄一息。这些鸟儿大部分以鱼为食，主要有苍鹭、鹈鹕、鸊鷉和河鸥。经过化验，发现它们体内含有与毒剂滴滴滴（DDD）和滴滴伊（DDE）同类的杀虫剂残毒。湖里的鱼体内也发现了相同的杀虫剂，就连浮游生物也一样。保护区的工作人员认为，这是因为灌溉用水经过农田时，携带了喷洒在农田里的杀虫剂，并把残毒带入了保护区。因此保护区河水里的杀虫剂残毒日益增多。

人类严重污染了大自然的水资源，导致恢复水质的努力成了螳臂当车的笑话。而原本这种努力其实可以在自然保护区变成现实。曾几何时，每每猎人们在湖边狩猎，都会为这里的自然美景所倾倒：

成群的飞禽像白色的缎带划过天际，耳边环绕着来自大自然的天籁之音，简直美不胜收！这些生物保护区在保护西方水禽上有着举足轻重的意义，就像沙漏的瓶颈一样，所有水禽的迁徙路线都将汇聚于此，甚至包括横跨太平洋，跋山涉水而来的鸟儿。每当迁徙季节来临，这里便会迎来百万只野鸭和野鹅。这些水禽是由哈德逊湾东部白令海岸的栖息地长途跋涉而来。到了秋天，大约四分之三的水鸟往东飞去，进入太平洋沿岸各国；到了夏季，生态保护区为水禽，特别是为两种濒临绝灭的鸟类—— 红头鸭和红鸭提供了栖息地。一旦这些保护区的湖泊和水塘被污染，那么势必会导致迁徙至此的鸟儿遭受灭顶之灾。

水是自然界食物链生生不息的载体。细如尘埃的绿色细胞是这个食物链的底端。首先它被水蚤吸收。而后，水蚤又被浮游生物吞噬。接着，水里的游鱼将浮游生物吞入体内，而鱼又被其他的鱼、鸟、貂、浣熊所吃掉…… 这是一个生命物质的无限循环，环环相扣，周而复始。我们能够设想，由我们引入自然界中的毒物能不参与到这种循环中去吗？

也许我们能从加利福尼亚清水湖的历史档案中找到答案。清水湖位于富兰塞斯库疗养院北面九十里的山区，因其适合垂钓而享有盛誉。其实，清水湖这个名字并不符合实际。湖底由黑色的软泥覆盖，因此水很浑浊。这种浑浊的浅滩为蚋虫提供了理想的温床。虽然与蚊子有密切关系，但这种蚋虫与成虫不同，它们不是血吸虫，而且几乎完全不进食，但湖泊周围的居民却因为这种蚋虫巨大的数量而烦恼。他们曾尝试过好几次，想要根除蚋虫，但都以失败告终。

直到二十世纪四十年代末期，氯化烃杀虫剂问世后，蚋虫才从居民的生活里消失。这次，人们选用了滴滴滴。这种药物是滴滴涕的近亲，但对鱼的危害相对较轻。一九四九年，人们曾在清水湖进行过一次除虫。当时的计划经过了周密的安排，几乎没有人认为会有什么不良后果。当时的杀虫剂溶液的浓度是一比七千万。并且清水湖的容积也经过了测量。在撒药初期，退治蚋虫是有成效的。但是很快，蚋虫便卷土重来。因此到了一九五四年，人们不得不再次展开清剿行动。这次的农药浓度有所上升，为一比五千万。于是蚋虫当即被清除。

但是在那年的冬天，很多湖滨生态圈的动物生命出现了危险信号：往常游弋在湖上的西方䴙䴘开始死亡，并且死亡数目很快突破了一百。西方䴙䴘喜欢在湿地筑巢。由于清水湖鱼群丰富，它们便被吸引了过来。它们是冬天里第一种来到清水湖的外来生物。在美国和加拿大西部的浅水湖中，我们经常可以见到䴙䴘和它在水面上搭建的巢穴随波逐流，让这种鸟看起来优雅而美丽。它也被称作"天鹅䴙䴘"，因为当它在水面上荡起微微涟漪，它的身体会低低地浮出水面，露出洁白靓丽的颈项，昂起它那高傲的头颅。新出生的雏鸟身披浅褐色的软毛，在几个小时以后它们就争先恐后地跳到水里。有时，它们还会调皮地跳到父母的背上，然后依偎在父母翅膀的羽毛中，惬意十足。

一九五七年时，蚋虫再次泛滥，于是人们对它们启动了第三次围剿计划。结果，越来越多的䴙䴘死亡，情形跟三年前一模一样。研究人员对鸟儿的尸体进行了化验，但没能发现任何传染病的证据和征兆。但是，当有人想到应该分析鸊鷉的脂肪组织时，才发现它们的体内含有大量的滴滴滴残毒，而且含量高达百万分之一千六！

滴滴滴在水里的溶解度是百万分之零点零二，那为何它在鸊鷉体内的含量如此之高？当然，这类鸟以湖里的鱼类为食。当我们对清水湖里的鱼进行化验的时候，我们不禁想到食物链的循环过程。毒物被细菌吸收后便会浓缩，然后依次在食物链中传递。每经过一次传递，毒素便会积累下来，含量越来越高。经检测发现，在毒素的积累传递过程中，浮游生物组织内含有百万分之五的杀虫剂（最大浓度达到水体本身的二十五倍）。到了食草鱼类的体内，毒素飙升至百万分之二千五百，令人难以置信！这是民间传说中的“杰克小屋”故事的再现，在这个食物链中，大型肉食动物以小型肉食动物为食，而小型肉食动物又吃掉草食动物，草食动物再吃浮游生物，浮游生物摄取了水中的毒物。

以后发生的现象更是令人捉摸不透。用药之后时间不长，水中再也不见滴滴滴的踪影。但是毒素并没有从这个湖里消失，而是进入到了湖中生物的体内。即使滴滴滴施药后时隔二十三个月，浮游生物体内滴滴滴的含量仍高达百万分之五点三。在近两年的时间里，浮游植物经历了几度枯荣。水中的毒素虽然不见了，但它却进入了植物体内，并在它们的生命循环中一代代地传了下去。不仅如此，毒素也进入了动物的体内。虽然化学药物已经停用一年之久，在所有的鱼、鸟和青蛙体内仍然检查出滴滴滴的残毒，而且浓度已经超出水体浓度的好多倍。在药物停止喷洒的九个月后，所有动物的幼体破壳而出。但当我们检测这些幼体时，它们的体内滴滴滴的残毒含量已经高达百万分之二千！更可怕的是，那些在水上筑巢的鹏鹛在第一次施用杀虫剂后数量锐减，只剩下大约三十对。而且这仅存的鹏鹛几乎无法完成物种的延续，因为自那以后，我们就再也没在湖面上看到过鹏鹛的幼鸟了。

由此看来，毒素的传递始于生态链中的微生物和植物。这些植物是第一个吸收毒物并完成积累的载体。但是这个携带毒素的食物链终点在哪儿呢？对此一无所知的人们可能已经准备好了钓具，在清水湖边享受渔趣；然后将捕到的鱼兴高采烈地带回家中，做成美味佳肴并端上餐桌。不敢想象，大量或多次使用滴滴滴会给人类带来什么影响呢？

尽管加利福尼亚公共卫生局宣布检查结果无异样，但在一九五九年的时候，该中心还是命令停止在清水湖使用滴滴滴。从科学的角度看，这种化学药物具有巨大的生物学效能。这么做也只是权宜之计。滴滴滴给生命体带来的危害在杀虫剂中可以说是独一无二的，因为它毁坏了肾上腺的一部分，毁坏了分泌荷尔蒙激素的细胞。这种细胞位于肾脏附近的外部皮层上。最初，在一九四九年的化学实验中，人们首先发现这种毁灭性的症状只出现在狗身上，而在其他动物，如猴子、老鼠或兔子等实验体上并未出现。滴滴滴在狗身上引发的症状与人类的爱德逊病症非常相似。所以，这次试验给人们提供了非常重要的参考价值。最近医学人员研究发现，滴滴滴对人的肾上腺有很强的抑制作用。它的这种破坏能力正应用于临床治疗肾上腺癌。

清水湖的案例引发了公众的深思：我们为了防治害虫，向水体中直接投放了对生理过程具有如此大危害的剧毒，导致水源污染。这样做是否正确？就算投入水域中的毒素浓度很低，但当毒素进入生态体系后便会出现爆发性的积累。所以，这充分说明，人类降低杀虫剂的浓度并没有多大意义。尽管在水中撒药能暂时解决虫害，但往往之后会引起更大的问题。这种情况数不胜数，而且与日俱增。清水湖不就是这样的吗？蚋虫问题解决了，湖泊周围的居民固然高兴。殊不知，毒素进入湖泊后，给他们带来的危险却更加严重，而且这种危险往往很难查明缘由。

还有一个令人震惊的事实。在人们的眼里，肆无忌惮地在水库中施药渐渐地成了理所当然的事情。而这么做的目的仅仅是为了增强水的娱乐作用，或者只是想投资将水变成饮用水。某地区的运动员想在水库里养殖他们喜欢食用的鱼类，于是说服了当地政府，在水库里倾倒了大量毒物。其目的就是要除掉多余的鱼类，以便让运动员中意的鱼儿能迅速繁殖。这个过程有点像爱丽丝仙境中描述的那种奇怪的现象。周围的乡镇居民可能还没来得及对运动员的这种投毒行为做出反应，就得饮用含有残毒的水。同时，他们还得向政府纳税，因为政府要对水进行消毒处理。然而，这种净化处理绝非易事。

既然地下水和地表水都已被杀虫剂和其他化学药物所污染，那么并不排除另一种危险的可能性。那就是这些有毒和致癌的物质也正在侵入我们的公共用水。国家癌症研究所的W·C·惠帕教授已经警告说："目前已查明，被污染的饮用水有致癌的危险，而且在不久的将来，人们患癌的概率将大幅提升。"这一观点早在二十世纪五十年代初就在荷兰得到了印证。当时在荷兰，人们正进行一项研究，结果表明：被污染的水会致癌。相比于以井水为源的城市，那些以河水为生活水源的城市居民则更容易患癌致死，因为井水相对而言不容易被污染。其中，砷作为明确的致癌物，曾经两次被卷入历史性的事件中。在这两次事件中，饮用已污染的水都引起了大面积癌症的发生。一次是矿山开采过程中的矿渣堆中的砷泄露进了地下水域；另一次是天然岩石中含有大量的砷导致的。而大量使用含砷杀虫剂可以使上述情况很容易再度发生。部分的砷融入了雨水，并随之进入了小溪、河流和水库，同样也进入了无边无际的地下海洋。

此时，警钟再次敲响：在自然界里，任何事物都是互相联系的。为了更清楚地了解我们大自然污染的整个过程，我们还必须去看看地球的另一项基础资源——土壤。

## 第五节　土壤的王国

在我们赖以生存的地球上，大陆板块零散地分布在蓝色的海洋中，除了人类以外，上面生活着各式各样的飞禽走兽。众所周知，没有土壤，陆地植物将无法生长；而没有植物，动物便无法生存。

人类赖以生存的农业离不开土壤的滋养。反过来说，土壤也离不开生存其中的动植物。换言之，土壤的起源及其天然特性的保持也与动植物息息相关。从某种程度上说，土壤创造了生命，但它却是很久以前生物与非生物之间相互作用的奇妙结果。曾几何时，炙热的岩浆从火山中喷发而出；湍急的洪流磨平了堪称最坚硬的花岗石；冰霜严寒将岩石劈裂，甚至粉碎。就在这时，原始的成土物质就开始得到聚集。而后，悄无声息地，生命便开始创造奇迹。渐渐地，在和生物的频繁互动中，土壤开始有了生机。地衣是岩石的第一个覆盖物，它们的酸性分泌物加快了岩石的风化作用，为生物营造了栖息之地。在原始土壤的微小缝隙里，藓类植物顽强地生长着，而这种原始土壤是由地衣的碎屑、微小昆虫和许多海洋生物的残骸组合演化而来。

正因为生命的存在，土壤才有了存在的意义。而生命的休养生息也离不开土壤的滋养。正因如此，土壤才变得生机勃勃。而有机体的存在和频繁的活动让土壤具有了孕育生命的无限可能，大地因此绿意盎然。

一年四季，土壤里总是发生着奇妙的变化，这是因为土壤内部的生命活动是一种无休止的循环。各种自然现象，比如岩石风化，有机物腐烂，或者氮气及其他气体随雨水从天而降等，将各种各样的新物质源源不断地注入土壤中。与此同时，土壤中的生物会因生命活动而“借用”某些物质。在这种变化过程中，土壤也悄然地发生奇妙的化学变化。尤其重要的是，空气和水中的元素在进入了土壤之后，经过这种奇妙的过程，变成了利于植物吸收的形式。可以看出，无论在哪个环节，土壤中的生命体都起着积极的作用。

土壤王国里的生命体纷繁复杂，奥妙无穷。人们在研究和探索的时候经常会遇到许多未知的问题，但许多人并不以为然。土壤里的生命体之间存在着怎样的制约？生命体与地下环境之间的生态关系如何？这些生物和地上生态环境之间又有怎样的相互作用？我们知之甚少。

生存于土壤里的生物不计其数。但最重要的有机体却是那些肉眼无法看见的细菌和丝状真菌。它们的规模大到可以用天文数字形容。仅仅一茶匙的表层土壤里就含有多达亿万个这样的细菌！虽然单个细菌非常微小，但是，如果我们在一英亩的肥沃土地上刮下厚度为一英尺的浮土，里面含有的细菌竟重达一千磅！相比之下，线性形状的放线菌数量比其他细菌稍少一点。但因为它们的体积较大，所以尽管数量不多，但总重量和其他细菌差不多。在土壤形成的初期，一种被称为“藻类”的小微植物细胞给土壤带来了最原始的植物生命体。

细菌、真菌和藻类生物是促成土壤进行生态循环的主要动因。动植物残骸在细菌的作用下腐烂变质，进而分解为无机元素（如碳、氮等），并在土壤、空气及其他生物组织的相互作用下重新参与土壤循环。例如，纵然空气中含氮量非常丰富，堪称“氮海”，但如果没有固氮细菌的帮助，植物将很难得到氮素。另外，其他生命体也会产生二氧化碳，并在一定条件下形成碳酸，分解岩石。不仅如此，土壤中的另外一些微生物还能促成多种多样的氧化和还原反应。这些反应能转移土壤中的一些不易吸收的矿物质元素，如铁、锰、硫等。这样一来，植物就能摄取这些矿物质了。

除了细菌之外，土壤里还存在着一些微小的螨类和名为跃尾虫的原始昆虫。它们的数量惊人，在将枯枝败叶和森林中的有机体残骸慢慢转化为土壤的过程中，这些看似微小的生命却发挥着极其重要的作用。有些微生物在这一过程中发挥作用的方式令人难以置信。例如，有几类螨虫以枞树的落叶为生。通常，它们隐藏在树叶内，以树叶的组织为食。当螨虫获得了足够的养分，完成生长之后，树叶便只剩空壳。其实泥土里像这样的微小昆虫不计其数，它们都是通过这种方法分解植物的落叶的，身材虽小，所作所为却叹为观止。最终，树叶在它们的努力下被软化、分解，最终回归泥土。

不只是微生物，所有的生命体，小到细菌，大到哺乳动物都在和土壤进行着频繁的生命交互活动。有的常年深居地底；有的借助地下洞穴冬眠，或者度过它们生命中的某个特定的阶段；有的则穿梭于地下洞穴和地上世界之间。总之，在这些动物的生命活动作用下，土壤中充满了空气，使得水分渗入土壤，并有效地被植物吸收。

就土壤王国的“常住人员”而言，蚯蚓算得上是屈指可数的重要居民了。早在七十五年前，查尔斯·达尔文发表了一部生物学著作，名为《蠕虫活动对沃土形成的影响及蠕虫习性观察》。在书里，达尔文首次向人类展现了作为“地质搬运工”的蚯蚓对土壤迁移的作用。于是，我们的脑海里就有了这样一幅画面：蚯蚓悄无声息地蠕动着，不断地从地下将肥沃的土壤运出地面。渐渐地，地表的岩石被土壤覆盖。的确，在土质优良的地区，每年经蚯蚓的运作，迁移至地表的土壤多达数吨。与此同时，包含在叶子和草之内的大量有机物被搬运至地下洞穴（平均每半年，单位面积土壤产生的这种有机物重达二十多磅），并融入土壤。根据达尔文的计算，通过蚯蚓的努力，地表土壤可以一寸寸地变厚。十年过后，土壤的厚度将变为原来的一点五倍。不仅如此，蚯蚓蠕动的时候，空气便可顺势进入土壤，从而保障了土壤良好的排水和渗水性能。因此，生于土壤中的植被才能健康地生根成长。再者，蚯蚓也能促进土壤细菌的消化作用，从而防止土壤腐败变质。蚯蚓能吞食土壤中富含的有机物，并通过消化系统分解后排出体外，变成土壤的养分。这样，土壤便能变得更加肥沃。

可以说，土壤是一个复杂的生态综合体，由无数的生命体相互交织，相互作用而成。事物之间相辅相成——一方面，生命必须依赖土壤才能欣欣向荣；反过来，只有生命体繁荣兴旺，土壤王国才能生机盎然，真正作为大自然中的一部分，发挥它的重要作用。

然而，人们往往忽视了一个重要的问题，那就是“化学毒素”对土壤的危害。无论是直接渗入还是毒素被雨水间接带入（因为在撒过农药的森林、果园和农田中，植物已被致命毒剂污染了。），当含有剧毒的化学药物进入土壤王国时，那些数量庞大、种类繁多且对土壤至关重要的生命体将受到什么影响呢？不妨设想一下，假如为了杀死对农作物有害的昆虫幼体，而它们又穴居在土壤里，于是人们在土地上大肆喷洒农药。就算能杀死这些害虫，但农药难道不会殃及那些能分解有机物质的“益虫”吗？或者，人们在对土壤喷洒通用杀菌剂时，难道不会伤害那些寄居树根，帮助树木从土壤中吸收养分的“益菌”吗？

显然，科学家们在很大程度上已经忽视了土壤生态学这一极为重要的生化领域。而管理人员也对这种忽视习以为常。人们认为，撒药杀虫是天经地义的事儿，土壤只会无条件地承受人们喷洒的化学毒素，并不会有任何“反抗”的行为。因此，对于土壤世界的自然属性，根本无人问津。

尽管目前的相关研究不多，一幅关于杀虫剂对土壤影响的画卷正慢慢呈现在人类的面前。尽管这些研究结果不尽相同，然而这不足为奇。因为土壤种类繁多，可能在某种土壤中有害的因素在另一种土壤中就变得无害了。比如，农药对轻质沙土的危害远远大于腐殖土；多种化学药剂混合使用比单独使用某种药剂造成的危害更大。姑且不谈这些研究结果的差别了，目前有一点可以确定：越来越多的证据表明化学药物对土壤是有害的。光就这一点，许多科学家已经感到不安了。

因为农药，土壤中原本的一些与自然界息息相关的化学转化过程已经受到影响。硝化作用就是一个典型的例子。本来这个过程可以将大气中的氮元素转化为植物可以利用的形态，但除莠剂 2,4–D 会暂时中断硝化作用。最近，研究人员在佛罗里达州进行了几次实验。研究结果表明，仅仅施药两周后，高丙体六六六、七氯和 BHC（六氯联苯）便能大大削弱土壤中的硝化作用；六六六和滴滴涕的毒性更强，甚至时隔一年后，它们的残毒还对土壤有严重的破坏作用。另外，还有实验证明，六六六、艾氏剂、高丙体六六六、七氯和滴滴都能妨碍固氮细菌形成豆科植物必需的根部结瘤。于是，菌类和植物根系之间那种奇妙而又有益的关系也遭到了严重地破坏。

自然界之所以能生生不息，完全依赖于生灵万物间形成的巧妙而复杂的平衡，但它往往遭到人类的破坏。因为人类广泛使用杀虫剂，土壤中的某些生物的数量骤然减少。于是，另外的生物数量便会爆发性地增加。如此一来，土壤中的食物链制约关系便被扰乱，进而影响到了土壤的新陈代谢循环。土壤的生产力受到极大的损害。这一系列变化也意味着，由于农药破坏了土壤的生态平衡，某些有害的生物便挣脱了土壤的抑制，开始为害四方。

使用杀虫剂时，有一点我们必须谨记：一旦杀虫剂进入土壤，它们的毒素将长时间地残留在土壤里，长达数年，而并非数月。据分析，艾氏剂的残毒在施药后时隔四年仍被发现。一部分为微量残留，而大部分则以狄氏剂的形式存在。若用毒杀芬退治白蚁，就算时隔十年之久，仍有大量的毒杀芬残留沙土中；六六六在土壤中能保留十一年的时间；七氯或其他化学衍生物可以留存至少九年；而氯丹在长达十二年后居然还能有约百分之十五的残毒保留在土壤里。

上述的数据告诉我们，即使人类有节制地使用杀虫剂，但土壤中的毒素仍能在日积月累中达到惊人的含量。比如，氯化烃是一种毒性很强而且经久不衰的毒剂。因此，每次喷药后，毒素的含量都会累积。如果人们对相同的土壤反复喷药，那么早先“一英亩地使用一磅滴滴涕是无害的”的说法就是一句空话。有人惊奇地发现：马铃薯田里的滴滴涕含量为每英亩十五磅，谷田里的含量为每英亩十九磅。更有甚者，在一片曾经进行过化学研究的蔓越橘沼泽地里，测量出的滴滴涕含量高达每英亩三十四点五磅！而受污染最严重的是苹果园里的土壤。经测量，其滴滴涕残毒的积累速度与每年农药的喷洒量同步增长。有时为了有效杀灭害虫，人们在一年之内在果园内喷农药不下四次。这时，果园土壤里的滴滴涕含量就可达到每英亩三十到五十磅。如果连续喷洒多年，那么每棵树之间的土壤滴滴涕含量会达到每英亩二十到六十磅，而树下土壤中的含量更是高达一百一十三磅！

砷在土壤中的残毒确实能够停留很长时间。关于这一点，有一个典型案例可以证明。尽管大部分含砷杀虫剂早在二十世纪四十年代就没有再用于烟草种植，取而代之的是人造有机农药，但据测算，美国出产的烟草中含砷量仍在一路飙升：一九三二到一九五二期间，含量增长了百分之三百。最新的研究数据显示，砷在烟草中的含量已经增加了百分之六百！ H·S·赛特利博士是一位研究砷毒的化学权威。他说，虽然现在人们已经用有机杀虫剂代替了砷，但是烟草植物仍继续汲取砷，这是因为栽种烟草的土壤现已完全被一种量大且不太溶解的毒物—— 砷酸铅的残留物所浸透。这种砷酸铅将持续地释放出可溶性的砷。他说，美国很大一部分种植烟草的土壤已经被砷污染，而且是“永久性和叠加性”的。在麦德特拉州东部的烟草种植基地并没有施过含砷杀虫剂，因此那儿种植的烟草并没出现过这种砷毒含量增加的现象。

于是，第二个问题便摆在我们的面前。人们不仅需要了解化学毒剂是如何污染土壤的，还要知道渗入土壤的杀虫剂有多少被植物吸收了。很大程度上，这个问题取决于多种因素，比如土壤和农作物的类型、当地的自然条件以及杀虫剂浓度等。比如，如果土壤内含有较多有机物，释放的毒素会明显少于其他土质的土壤。因此，人们日后若要在一片土地上种植粮食，首先必须对土壤的杀虫剂含量进行分析测定。如若不然，即使没有被喷过农药的作物也可能因农药超标而无法进入市场，因为土壤里含有的农药被作物吸收了。

土壤污染的问题层出不穷，没完没了。别说一般人了，就连美国的儿童食品生产商也不愿买喷过杀虫剂的水果和蔬菜。在众多农药中，最令人无法接受的是六六六。植物的根茎吸收了它之后，便会散发一种霉臭的气味。因为两年前使用过六六六，如今在加利福尼亚种植的红薯便因为农药的残毒不得不被扔掉了。

曾经有一年，某公司与南卡罗来纳州的红薯种植基地签约，本想承包其全部红薯，但发现那儿的土壤已全被污染。迫不得已，该公司只得到市场上重新购买红薯，这次的经济损失很大。几年后，美国的其他州郡也发生了类似的情况，许多农田里长出来的水果和蔬菜也同样因为污染而不得不被丢弃。最让人心烦的还是花生。在美国南部的许多地方，人们常常在地里轮种花生和棉花。在种植棉花的时候，人们为了除虫，往往会喷洒六六六。待棉花收获，种下花生之时，作物却吸收了之前残留在土壤里的大量的杀虫剂。只要极少量，我们就能闻到六六六的刺鼻霉臭。而一旦杀虫剂被植物吸收，这种霉臭便渗入果核内，不仅无法清除，而且有时还会使果蔬散发更加恶臭的气味。若果蔬商想要彻底根除六六六，他只能丢掉所有经农药处理过或者产自被污染土壤中的农产品。除此之外，他别无选择。

有时，杀虫剂会对农作物本身产生威胁。也就是说，土壤中只要存在杀虫剂，这种威胁便始终存在，尤其对某些敏感植物而言，如豆子、小麦、大麦、裸麦等危害更大。毒素会直接损害这些作物的根部并抑制种子发芽。关于这一点，华盛顿州和爱达荷州的酒花农们深有体会。那是在一九五五年的春季，当地的酒花农们接受了一项大规模害虫防治计划。这项计划要求他们消除寄居在草莓根部的象鼻虫，因为它们的数量实在太多了。当时，按照许多农业专家及杀虫剂制造商的建议，他们选择了七氯作为主要杀虫剂。施药一年后，庄园里的葡萄树都枯萎了。而没有施药的农田却安然无恙，并且和撒过农药的地方形成一派泾渭分明的景象。农民们没有办法，只得再次投资在山坡上重新种植。然而这并没什么意义，因为就在第二年，新的作物生根发芽后也相继死亡。四年后，人们依旧在之前的农田里发现了七氯的踪迹。这使得科学家根本无法测定毒素的残留期限，自然对农药的威胁也无计可施。直到一九五九年三月，美国联邦农业部才被迫对公众承认原来的做法是错误的，并叫停了酒花农的杀虫计划，但为时已晚。而酒花农们也只好自认倒霉，然后只能祈求这场官司能帮他们挽回点损失。

尽管如此，人们仍在大肆使用着杀虫剂。毫无疑问，顽固的残毒仍然不断地在土壤里存积。因此，人类正走上一条自寻烦恼、作茧自缚的不归之路。而这正是一九六〇年在思尔卡思大学参加集会，讨论土壤生态学时，所有专家的一致意见。在会上，大家纷纷痛陈化学药物和放射性物质给人类带来的威胁，认为这些物质是“极具危害，但人类又知之甚少的危险工具”。他们说：“人类肆意妄为的改造行为会毁灭土壤的生产力，而那些害虫却能安然无恙。”

## 第六节　地球的绿色斗篷

地球上有一个巨大的绿色斗篷，它包括各种千奇百怪的植物，还有生命赖以生存的水以及土壤，构成了万物生灵赖以生存的环境。太阳在给人类带来光明的同时，它的能量也孕育了万物的生长，并且它还促进了各类植物的生长——这些植物是人类食物的来源。假如失去了这一切，人类将无法继续生存。对此，现在人们似乎已经忘记了。我们对待植物时充满了功利心——如果某种植物具有某种价值，我们就会广泛种植；如果我们认为某种植物毫无存在的必要或者只是感到它们“冒犯”了人类，我们就会想尽办法消灭它们。的确，有一些植物对人类及牲畜有毒，也有些植物会妨碍农作物的生长。对此，我们可以采取一些应对措施。但是，很多其他的植物并没有给人类或者动物带来任何伤害，但它们最终还是被人们“铲除”了——这仅仅是因为它们在错误的时间出现在了错误的地方（至少人类是这样认为的）。还有一些植物正好与这些将要被“铲除”的植物生长在一起，因此，它们也受到了牵连，最终也被“铲除”。

在地表生存的植物是“生命之网”中的一部分。在这个网中，植物和大地之间、一些植物与另一些植物之间、植物与动物之间相互联系，相辅相成，相互影响。有时，出于某些原因我们不得不打破这种平衡关系；但在这个过程中我们应该尽可能地谨慎一些——我们必须考虑到我们的所作所为会产生何种长期影响。可如今，人们普遍使用各种除草剂，市场上出现了越来越多的化学药物（人们用这些药物“铲除”植物）；除草剂制造商们也因此一夜暴富。为了赚钱，他们是不可能采取谨慎态度的。

在此过程中，人们的各种行为对自然风景也造成了严重的破坏。在西部地区，当地的人们正准备消灭鼠尾草，进而将鼠尾草地带改建成牧场。如果从历史发展的角度以及考虑风景因素，这种做法似乎无可厚非。因为当地自然景色十分优美——这是由各种因素共同塑造的。这幅优美的画面就像一本打开在我们面前的书——从中我们可以了解到大地为何成了如今的模样；我们也能理解我们为何需要保持大地的完整性。然而，“书本”就在眼前，却无人翻看；景色就在眼前，却无人欣赏。

数百万年以前，这片生长鼠尾草的土地位于西部高原和高原上山脉的低坡地带，这片土地产生于落基山系的巨大隆起。此处的气候异常恶劣——冬天十分漫长，风雪肆掠，平原上也积雪皑皑；夏天十分炎热，降水不足，异常干旱，连风都是干燥的，它们吹干了叶子和茎干中的水分。

大自然的变化千奇百怪，时间的流逝也将引起景观的变化。此处环境极为恶劣，人们想要在此移植植物，也需要进行长期的努力。当然，在这个过程中，人们也免不了遭遇很多失败。最终，鼠尾草成了最后的“胜利者”——它们能够适应当地的环境并在此生长。鼠尾草是一种灌木，它们长得很矮，并且能够在山坡上和平原上生长。借助于灰色的小叶子，它们能够保持住水分。显而易见，这是自然选择的结果。于是，西部大平原就成了鼠尾草的天地。

和植物一样，动物们也在不断生长。它们的生长也和大地有着密切的联系。此时，和鼠尾草一样，有两种动物也找到了最适合它们的“家园”。其中一种是尖角羚羊，它们是哺乳动物；另一种是鼠尾草松鸡，它们是鸟类——最初，它们生长在路易斯和克拉克的平原地区。

人们观察后发现，鼠尾草和松鸡相互依赖——鸟类的自然生存期和鼠尾草的生长期是一致的；而且，当鼠尾草地面积减少时，松鸡的数量也相应地减少。鼠尾草为平原上这些鸟提供了一切生存条件。山脚下，低矮的鼠尾草遮蔽着鸟巢及幼鸟；茂密的草丛中，鸟儿们在此游荡和停歇；在任何时候，鼠尾草都在为松鸡提供食物。当然，这些松鸡也会帮助鼠尾草——它们会把鼠尾草下周围的土壤刨得松散些，清除在鼠尾草丛庇护下生长的其他杂草。

羚羊也慢慢地适应了鼠尾草，它们是这个平原上最常见的动物。当冬天迎来了第一场大雪时，那些在山间度过夏天的羚羊都会转移到较低的地方。而在这些地方，鼠尾草为羚羊提供了食物，这些食物足以使它们度过冬天。当其他植物的叶子都凋零时，鼠尾草的叶子依然充满了活力。这些叶子是灰绿色的，它们缠绕在浓密的灌木茎梗上。它们入口很苦，但闻着清香，并且含有丰富的蛋白质和脂肪，还有动物需要的无机物。虽然大地上积雪皑皑，但鼠尾草的顶端仍然露在雪面上。羚羊可以用蹄子不断搅动积雪，最后吃到这些草。此时，寻找鼠尾草的还有松鸡，它们和羚羊一起，在白雪的世界里，寻觅着这些“救命草”。

当然，还有其他动物也在寻找鼠尾草。黑尾鹿也以之为食。到了冬天，对于那些食草牲畜而言，鼠尾草简直就是“救命草”。而且，到了冬季，牧场主们也会将绵羊放牧在长着大量鼠尾草的地方。鼠尾草的能量价值甚至超过了紫苜蓿。一年中有一半的时间，绵羊都以这些鼠尾草为食。

此时，我们看到了这样一幅景象：严寒的高原，被蚕食的鼠尾草，敏捷的羚羊以及贪食的松鸡。这一切看起来就像一个完美且平衡的自然系统。然而，情况真的是这样吗？在人们力图改变自然存在方式的地区，这个问题的答案绝对是否定的。而且，这样的地区越来越多。他们以发展的名义，开发了更多的草地。因此，他们正准备“铲除”鼠尾草，而使其他草类不断生长。于是，在这块本适合鼠尾草生长的土地上，人们无情且愚蠢地想要除掉鼠尾草，从而开发一块全新的草地。对于这种做法是否会破坏当地环境以及是否能够带来人们想要的结局，他们全然不顾。此地降雨稀少，年降雨量不足以支持地皮草场的开发。但是，对于在鼠尾草“掩护下”生存多年的羽茅属植物而言，这种环境似乎也是有利的。

如今，根除鼠尾草的计划已经进行多年了。一些政府机关对此表现得十分积极，工业部门也对此满怀热情，并且不吝鼓励。因为这个活动不仅能够种草，还为收割、耕作及播种机器创造了广阔的市场。后来，人们还在当地喷洒了药物。如今，人们每年会对数百万英亩的鼠尾草土地喷洒药物。

那么，人们的这些行为又带来了什么后果呢？在很大程度上，人们只能推测“铲除”鼠尾草和播种牧草的最终效果。而那些了解土地特性的人则认为，与牧草单独生存相比，它们生存在鼠尾草的环境里会更好一些，因为鼠尾草能够保持周围土壤的水分。

人们为了达到眼前的目的而执行了这个计划。结果，整个生态系统遭到破坏，原有的平衡也遭到了破坏——羚羊和松鸡将与鼠尾草一起灭绝；大量的鹿也将因此受害。这些野生物绝迹后，土地也变得更加贫瘠。甚至，人们饲养的牲畜也将遭难。到了夏天，青草不足。在这个平原上，鼠尾草几近灭绝、耐寒灌木也都消失不见了，其他野生植物也遭到了破坏。到了冬天，绵羊只能在风雪中受冻挨饿。

这些影响都显而易见，也十分严重。还有一些影响是人们在喷药过程中造成的。除了消灭目标群体之外，人们喷洒的药物也毁坏了目标之外的大量植物。此前，美国森林服务管理局在布里杰国家森林（位于怀俄明州）中造成了严重的生态破坏。对此，司法官威廉·道格拉斯在其最近的著作《我的旷野：东部的肯塔基》中进行了描述。他写道：为了开发更多草地，人们在一万多亩鼠尾草土地上喷洒了药水。后来，所有鼠尾草都被杀死了。然而，那些生长在河岸的垂柳也深受其害。本来，麋鹿和海狸一直生活在这些柳树丛中，它们都以柳树为食。它们会将某些柳树推到，然后做一个水堤（其横跨小河，非常牢固）。海狸会在此处建造一些小湖。在这些湖里，鳟鱼长得十分肥美，有的甚至长到了五磅（山溪中的鳟鱼很少有超过六英寸的）。水鸟也被吸引到湖区。由于柳树及海狸们的存在，这里曾是引人入胜的娱乐地区，人们会在此处钓鱼或打猎。

然而，由于森林公司采取了“改良”措施，柳树和鼠尾草一样，死于人们喷洒的药物。一九五九年，道格拉斯来到了该地区。当时，人们正在喷洒大量的药水。看到那些枯萎垂死的柳树后，他十分惊骇。他说：“人们喷洒的药水给该地的生物带来了巨大的创伤。若非亲眼看见，我简直难以相信。”那么，麋鹿又将经历什么呢？海狸以及它们创造的小天地又将遭受什么灾难呢？一年后，他故地重游，想要进一步了解那些化学药物给这些动物们带来的影响。他发现，麋鹿和海狸都落荒而逃。“水堤”已不见踪影，湖水已经枯竭，湖中看不到一条大鳟鱼（只有零零星星的几条小鳟鱼）。很显然，这些动物们已经将这个小河湾遗弃了。河岸的土地光秃秃的，没有一丝生气。此处的生命世界已遭到严重的破坏。

每年，人们都会在四百多万英亩的牧场上喷洒药水。除此之外，为了控制野草，人们也会在其他类型的大片地区直接或间接地喷洒化学药物。例如，公共事业公司正在一个比整个新英格兰还大（五千万英亩）的区域进行喷药处理。为了控制灌木，公司在该区大部分土地上喷洒了药物。他们把这种做法称为“例行公事”。在美国西南部，人们需处理约七千五百万英亩豆科植物土地。为此，人们采取了多种方法，而化学喷药是最流行的办法。目前，人们正向一片幅员辽阔（具体有多大面积我们暂时还不清楚）的木材生产地喷洒药水，其目的是为清除针叶树林中的“杂木”。一九四九年以后的十年间，为了处理农业用地，人们喷洒的除草剂总量是之前的两倍。

一九五九年，人们已在五千三百万英亩土地上喷洒过药水。迄今为止，人们已在大量私人草地、花园和高尔夫球场上喷洒过药水。如果有人计算过这个喷药面积，那他一定会为此感到震惊。

化学除草剂是一种新式化学药剂，它们的效果十分惊人。对于使用者而言，它们“无所不能，药到草除”。然而，从长远来看，它们的破坏力极强，而且贻害无穷。对此，人们矢口否认，并认为这是“悲观主义者”毫无根据的猜测。在谈到将犁耙换成药物时，农民们个个喜笑颜开——他们虔诚地认为，这种“化学耕种模式”十分方便省事。各个村镇的百姓们十分热情地倾听着化学药物推销商以及承包商们的话——他们穿越丛林来到这些地方，就是为了骗取老百姓们的血汗钱。他们牟利所得的报酬不过是一串数字而已，而人们因此付出的代价是无法用数字衡量的——在不久的将来，他们就会知道，他们遭受的损失如此巨大！

那么，游客们是怎么看待这些铺天盖地的化学药物的呢？曾经，路边的景色是那么迷人，路边原野是如此生气勃勃；如今，人们喷洒的药物将这一切毁灭殆尽。因此，民众们抗议的呼声日益增长。这些药物将那些美丽的景色毁灭得一干二净——此前，羊齿植物、野花、浆果的天然灌木构成了一幅宁静优美的画面；现在，放眼望去，人们只能看到一片荒芜的大地。一位新英格兰妇女生气地给报社投稿写道：“道路两旁的景色简直混乱不堪——肮脏、萎靡、毫无生气，这并不是游客们所期望的。我们之前负责为该地做广告，为此，我们花去了所有经费。那时，此处景色迷人，一片生机盎然。可如今，一切不堪入目。你们需要为自己的行为负责！”

一九六〇年夏天，来自多个州的保护主义者们来到了缅因岛，他们想亲眼看看 M.T. 宾厄姆（他是国家奥杜邦协会的主持人）给该协会赠送的“礼物”。当时，人们主要讨论如何保护自然景色以及“生命之网”（它由一切相互联系着的生命组成），但是，来到该岛的旅行者们讨论的却是他们一路走来看到的破败。对此，他们感到十分愤怒。

曾经，整片森林四季常青，沿着林中道路行走简直是一大乐事——道路两旁到处都是杨梅、羊齿植物、赤杨和越橘。可如今，放眼望去，我们只能看到一片荒芜的景象。一位保护主义者这样描述他在八月份看到的缅因岛的景象：“来到此处后，我看到缅因岛的环境被毁坏了。目睹这一切，我感到十分愤怒。前些年，此处的公路旁到处都是野花和灌木；而现在，枯死的植物随处可见。毫无疑问，这将使缅因州失去大量游客。他们真的能够承受这种损失吗？”

缅因州原野所受到的破坏只是一个例子而已——此处破坏极其严重，这使那些深爱当地景色的人们痛心不已。然而，为了治理路旁灌木丛，人们已在全国范围内重蹈着缅因州的覆辙。

康涅狄格州植物园里的植物学家说：“人们的行为破坏了美丽的原生灌木及野花，其已达到了‘路旁原野危机’的程度。”在人们使用化学药物消灭目标植物的同时，杜鹃花、月桂树、紫越橘、越橘、荚蒾、山茱萸、杨梅、羊齿植物、低灌木、冬浆果、苦樱桃以及野李子也深受其害。曾经，雏菊、苏珊、安女王花带、秋麒麟草以及秋紫菀美不胜收，令人赏心悦目；可如今，它们都已枯萎凋零，令人倍感惋惜。

人们在喷洒农药之前，考虑得并不周全，而且有很多人滥用农药。在新英格兰南部的一个城镇里，一个承包商完成工作后，容器里还有一些剩余的化学药粉。随后，他就把这些药粉倒在了路旁林地（此处并不允许喷药）。结果，这片林地最终凋零，这个乡镇的春秋也不再美丽——最初，此处的紫菀和秋麒麟草十分美丽，很值得人们远游来此一看的。在新英格兰的另一个城镇，由于缺乏相关知识，一个承包商违反了在城镇喷药的规定——他对路边植物喷药时高度达到八英尺（而规定的最大限度是四英尺）。因此，路旁的植物都枯萎了，此处的风景也被破坏了。马萨诸塞州乡镇的官员们从一个农药推销商手中购买了除草剂，但是，他们并不知道除草剂中含有砷。在他们喷药之后，十二头母牛因砷中毒死亡。

一九五七年，渥特弗镇的人们喷洒了大量化学除草剂，当他们喷药路过田野时，康涅狄格林园自然保护区的树木因此受到了严重伤害——即使没有被直接喷药，许多树木也受到了影响。虽然当时正是春天——一个万物生长的季节，但是，橡树的叶子却开始卷曲并变成了深褐色；随后，新芽开始长出来，并且长得非常快，这使得树上有了些许垂枝。半年后，树上大一些的枝干都已干枯，其他的枝干上都没有了树叶，甚至已经变形。所有树木看起来都无精打采，毫无生气。曾几何时，在道路所及的地方，大自然在道路两旁装饰了赤杨、荚蒾、羊齿植物和杜松。寒来暑往，人们能欣赏鲜艳的花朵，也能收获累累硕果。长期以来，这条道路都很清静，交通并不繁忙。司机开车经过时，视野十分开阔，因为并没有灌木阻挡司机的视线。但是，当喷药人接管了这条路以后，人们再也不愿意在此多停留一分钟。如今，行经此处，着实需要一定的忍耐力。然而，这一切都是我们一手造成的。即便如此，各处的权威机构不知为何依然迟疑不决，一直都未采取对策。由于某种意外的疏忽，在严格安排的喷药地区中间，人们“留下了”一些美丽的绿洲。在这些绿洲的对比下，那些惨遭破坏的景象显得更加破败不堪，令人感到心寒。但是，在这些绿洲中，当我们看到那些百合花、三叶草和紫野豌豆花时，我们精神为之振奋。

对于那些出售和使用化学药物的人而言，这些植物不过是“野草”罢了。在某次“控制野草会议”（现已定期举行）后，我查看了其中的一份会议记录。当时，我看到了一段关于除草剂的离奇议论。此人坚持认为：“杀死有益植物是因为它们和有害植物长在一起。”我们知道，有不少人都在抱怨路旁的野花遭到了药水的毒害。人们的这种抱怨似乎“启发”了这位作者，这使他想起历史上那些反对活体解剖论的人。他说：“根据他们的观点（反对活体解剖论者），那么一只迷路的狗的生命将比孩子们的生命更加神圣而不可侵犯。”

毫无疑问，我们有不少人会认为此人严重扭曲了事实，因为我们喜爱野豌豆、三叶草和百合花的精致和美丽。但是，这一切就像遭遇了一场大火，顷刻间灰飞烟灭，荡然无存——灌木已变成赤褐色，轻轻一折便会断掉；曾经傲视群雄的羊齿植物如今都已枯萎，耷拉着头，毫无生气。然而，我们竟能够容忍眼前的这般景象——我们竟是这般无能，又是这般可悲！灭绝野草后，我们并没有最初想象得那么高兴；“征服”自然后，我们也并未因此而欢欣鼓舞。

法官道格拉斯曾参加了一个农民会议。事后，他说，与会者讨论了居民们对鼠尾草喷药计划的抗议（我们在本章前面谈到过这个问题）。与会者认为，那位老太太因为野花将被毁坏而反对该计划实在太可笑。随后，道格拉斯问道："牧羊人寻找草地是一种权利，伐木者寻求树木是一种权利，他们的这些权利都不可剥夺。那么，寻找一株萼草或卷丹不也是她的权利吗？从大自然那儿，我们欣赏到了很多美丽的风景，就像我们在山中发现的铜矿、金矿和森林一样，这一切都是大自然的馈赠。"

当然，我们保护这些植物并不仅仅因为审美方面的考虑。在大自然的组合中，天然植物有着重要的作用。乡间沿路的树篱和原野为鸟类提供了寻食、隐蔽和繁衍的地方，也为许多小动物提供了栖息地。仅在东部大多数州里，有七十多种灌木和有蔓植物常年生长在路旁，其中有六十五种是野生物的重要食物。

这些植物也是野蜂和其他授粉昆虫的栖息地。如今，人们日益感受到了这些天然授粉者的重要性。然而，农夫们并没有发现这些野蜂的价值，他们甚至常常驱赶野蜂。某些农作物和大部分野生植物都在一定程度上依赖于天然授粉昆虫的帮助。数百种野蜂参与了农作物的授粉过程——仅"光顾"紫苜蓿花的蜂就有一百种。若没有经过自由授粉，那么，在未经耕耘的土地上，绝大部分固土和增肥的植物必定会灭绝，这将给整个区域的生态带来深远的影响。森林和牧场中的许多野草、灌木和树木都依靠昆虫进行繁殖。如果没有这些植物，许多野生动物及牧场牲畜将会失去主要的食物来源。如今，由于人们耕作方法的错误及农药的肆虐，树篱笆和野草正遭受灭顶之灾。而这也将使授粉昆虫失去最后的避难所，并将割断各类生物之间的“生命线”。

众所周知，这些昆虫对我们的农业和田野十分重要。因此，人类理应“犒劳”它们，至少应该善待它们，而不是随意破坏它们的栖息地，使得它们“无家可归”。蜜蜂和野蜂主要依靠一些“野草”（比如秋麒麟草、芥菜和蒲公英）提供的花粉来作为幼蜂的食料。在紫苜蓿开花之前，野豌豆为蜜蜂提供了整个春天大部分的食物，这能够帮助它们顺利地度过春荒季节，也便于它们为紫苜蓿花授粉做好准备。到了秋天，它们就只能依靠秋麒麟草过冬——在这个季节里，它们已经没有其他食物了。由于大自然具有精确的“定时能力”，野蜂出现的时间正好是柳树开花的时间。对于这一切，自然有不少人能够理解——不过他们绝不是那些使用化学药物毒害整个自然界的人。

毫无疑问，固有栖息地在保护野生生物方面意义重大。可是，懂得这一点的人又有多少呢？他们现在又在何处呢？如今，那么多人矢口否认除草剂给野生生物带来的危害，他们甚至宣称，除草剂的毒性要比杀虫剂的毒性更小！

按照他们的逻辑，“无害”便可随意使用。然而，当人们向森林、田野、沼泽以及牧场喷洒大量除草剂后，那些野生生物的栖息地也遭遇了巨大的灾难。这种灾难是永久性的。从长远的角度来看，对于野生生物而言，破坏它们的栖息地和食物来源也许比直接杀死它们更糟糕。人们不遗余力地在道路两旁及路标界区喷洒大量的化学药物。可到头来，非但最初的目的没有达成，反而带来了更多的麻烦。经验表明，消灭野草的目标是不易达到的。滥用除草剂并不能持久地控制路旁的丛林，人们每年不得不重复喷洒药物。其实，我们现在已经发现了选择性喷药方法，十分可靠，也更加安全；此外，该方法能够长期控制植物生长。这样一来，我们就无须再向大多数植物反复喷药了。然而，人们对此视而不见。

人们之所以想要控制道路旁的丛林，只是想除去那些越长越高的植物。如此一来，就可以避免其阻挡驾驶员的视线或干扰路标区的路线。大多数情况下，这类植物指的是乔木。大多数灌木都长得很矮而且不构成任何安全威胁——羊齿草与野花就是如此。

弗兰克·伊格勒博士发明了这种选择性喷药的方法——当时，他在美国自然历史博物馆任路标区控制丛林推荐委员会的指导员。其实，大多数灌木能够阻挡乔木的入侵。基于此，选择性喷洒就可以更加精准地消灭目标群体，同时也不会给周围环境带来破坏。相比之下，树苗侵入草原就容易多了。选择性喷洒的目的不是为在道路两旁和路标区培植青草，而是为了通过直接处理以清除那些高大乔木植物，同时又能保留其他所有植物。对于那些抵抗性很强的植物，我们可以进行二次处理，这样也可以避免伤害到其他植物。这样一来，灌木能够长期发挥作用，那些目标群体（人们消灭的树木）便没有了“重生”的机会。在控制植物方面，最廉价也是最合理的方法不是喷洒化学药物，而是利用其他植物“一物降一物”。

在美国东部的研究区里，人们一直在使用这个方法。结果表明，一旦经过适当处理，处理区环境就会趋于稳定——至少在二十年内，人们不需要再喷洒药物。在这种方法的指导下，人们通常背着喷雾器进行喷药，而且会对喷雾器严加控制。有时候，人们也会将压缩泵和喷药器械架在卡车的底盘上，但是人们从不会进行地毯式的喷洒——这只会用来处理树木以及清除那些特别高的灌木。如此一来，环境的完整性就被保存下来了。同时，野生生物栖息地也完好无损；这样，它们便能继续发挥其巨大价值。并且，羊齿植物和野花所构成的美丽景色也未受到损害。

曾经有很多人都采用过这种选择性喷药的方法。如今，因为人们根深蒂固的习惯难以消除，而地毯式的喷洒又“死灰复燃”——每年，纳税人为此浪费了不少钱，并且“生命之网”也因此受到了损害。毋庸置疑，地毯式喷洒之所以能够死灰复燃仅仅是因为选择性喷药的效果鲜有人知，很少有人意识到他们因化学喷药付出了太多的代价（包括金钱上的代价）。如果有一天纳税人意识到喷药的成本如此高昂的话（以及存在更“便宜”且安全的方法），那么他们肯定会奋起反抗，要求使用其他的方法。

毫无疑问，选择性喷洒有很多好处。比如，通过这种方法，渗透到土地中的化学药物总量能够减少到最小值。人们不会再滥用药物，而是集中向树木根部喷洒。如此一来，药物对野生生物的潜在危害就能降到最低程度。

目前，人们使用最广泛的除草剂是 2,4–D、2,4,5–T 以及相关化合物。关于这些除草剂是否有毒的问题，人们现在还在进行观察。如果 2,4–D 药水喷洒到人身上，那此人可能会患上严重的神经炎，甚至会瘫痪。虽然这并不经常发生，但是医药当局已对使用这些化合物的人们发出警告。并且，使用 2,4–D 还可能会引发潜在性危险。实验证明，这些药物会破坏细胞呼吸的基本生理过程，并能破坏染色体（就像X射线那样）。最近的一些研究工作表明，某些除草剂（其毒性低于致死药物）会对鸟类的繁殖产生不良影响。

除了造成直接的毒性影响，某些灭虫剂还会引发一些奇怪的间接后果。人们发现，有一些动物（不论是野生食草动物还是家畜）有时会被吸引到一种喷洒过药物的植物上——即使这种植物并非它们的天然食料。如果人们一直使用毒性很强的除草剂（如砷），这种想要除去植物的强烈愿望必然会造成损失重大的后果。如果某些植物本身具有毒性或长有荆棘和芒刺，那么，即使是毒性较小的除草剂也会引起致死的后果。研究发现，在人们向牧场上喷药后，牧场上有毒的野草也变得对牲畜具有吸引力了。结果，大量家畜中毒身亡。兽医药物文献中记载了这样一个例子：猪吃了喷过药的瞿麦草，或者羊吃了喷过药的药草后都患上了严重的疾病。百花开放时，蜜蜂在喷过药的芥菜上采蜜也会中毒。此外，野樱桃的叶子本身就具有很强的毒性；一旦人们向其喷药，野樱桃对牛就具有致命的吸引力。有一种植物叫作豕草，家畜一般不吃这种草，除非到了冬天或早春（此时食料短缺），它们才不得不吃上几口。然而，当人们向这些草丛喷洒2,4–D后，这些家畜便如获珍宝，狼吞虎咽。

之所以会出现这种奇怪现象，是因为化学药物使得植物的新陈代谢发生了变化。此时，植物中糖的含量明显增加，这就使得植物对许多动物具有更大的吸引力。

此外，2,4–D具有另一个奇怪特性，即其对牲畜、野生生物，甚至对人都会产生剧烈反应。大约十年前，人们做过一些实验，结果表明，人们使用这类化学药物处理谷类及甜菜后，其硝酸盐含量急剧增多。并且，这种农药对高粱、向日葵、蜘蛛草、羊腿草、猪草以及伤心草可能具有同样的效果。最初，对于其中多类草，牛并不愿意吃。但在人们用 2,4–D 对其处理后，牛竟然吃得津津有味。根据一些农业专家的调查，他们发现，这些喷药的野草导致了部分牛中毒而死。其中，硝酸盐含量增长是问题的关键——由于反刍动物所特有的生理过程，这种增长会立刻引起严重的问题。大多数此类动物具有特别复杂的消化系统——它们的胃有四个腔室。在微生物（瘤胃细菌）的作用下，纤维素会在胃室里完成消化过程。当动物吃了硝酸盐含量异常高的植物后，胃中的微生物便会对硝酸盐起作用，并使其变成毒性很强的亚硝酸盐。最后，引发致命环节——亚硝酸盐作用于血色素，并使其成为一种巧克力褐色的物质。随后，氧气会被“囚禁”在该物质中，因此不能参与呼吸过程。结果，氧不能由肺转入机体组织中。最终，由于缺氧症（氧气不足），动物会在几小时内死去。此前，人们将家畜放牧在某些草地上（人们在这些草地上喷洒了 2,4–D），结果，这些家畜非死即伤。如今，我们终于找到了这背后的原因。此外，还有一些反刍类的野生动物也面临着这些危险，如：鹿、羚羊、绵羊和山羊。

虽然有很多原因（如异常干燥的气候）都能够使硝酸盐含量增加，但是，人们滥用 2,4–D 才是罪魁祸首，而这也引起了很多后果。对此，我们不能再袖手旁观。威斯康星州大学农业实验站对此极为关注。一九五七年，他们曾提出警告，后来，他们的实验证明了这些言论：“被 2,4–D 杀死的植物中可能含有大量的硝酸盐。”更恐怖的是，人类也正面临着这一危险。这一危险正好解释了最近出现的

“粮库死亡现象”——当含有大量硝酸盐的谷类、燕麦或高粱进入粮库后，它们释放出有毒的一氧化碳气体，这对于进入粮库的任何人都会产生致命的危险。吸入这种气体后，人类便很有可能患上肺炎。此前，明尼苏达州医学院研究了这类病例。在他们的研究中，只有一人幸存，其余全部死亡。

对于人类使用除草剂的行为及其带来的后果，荷兰科学家C·J·贝尔金这样描述：“我们在自然界里散步，就仿佛大象在摆满瓷器的小房子里散步一样。我们并不知道长在庄稼中的草哪些是有害的，哪些是有益的。因此，我们就选择将其全部铲除。这是一种很不负责任的行为。”

那么，野草和土壤之间究竟存在着何种关系呢？毫无疑问，很少有人能够提出这个问题。纵使从我们狭隘的利益观点来看，也许此关系对我们很有好处。众所周知，土壤与生存其间的生物存在着一种彼此依赖、互为补益的关系。野草从土壤中汲取养分的同时，野草也可能会给予土壤一些东西。

最近，荷兰某城市的花园就提供了一个实际的例子。当地的玫瑰花长得很不好。提取土壤样品后，人们发现，这些土壤已遭到线虫的严重侵害。荷兰植物保护公司的科学家并没有建议使用化学药物，而是建议把金盏草种在玫瑰花中间。有不少人会认为它们只是玫瑰丛中的一种野草，但是，它们还有一项特殊的技能——它的根部会分泌出一种能杀死土壤中线虫的分泌物。后来，人们在一些花坛上种植了金盏草，而另外一些花坛不作处理——他们想对两者进行对比。结果，在金盏草的帮助下，玫瑰长得很茂盛；但是，在不种金盏草的花坛里，玫瑰呈现出一种病态，最终，它们都枯萎了。如今，许多地方都会通过种植金盏草来消灭线虫。

然而，可能还有很多植物能对土壤起积极作用，但我们却毫不知情，甚至将它们一并铲除。如今，人们称为“野草”的自然植物能够充当土壤状况的指示剂。然而，在长期使用化学除草剂的地方，这些“野草”并没有施展能力的舞台。

在喷药问题上，人们一直存在很多疑问，其中，也有不少人在寻找答案。他们也意识到，保留一些自然植物群落意义重大。通过研究这些植物群落，我们便可以发现我们自身活动所带来的变化。我们需要它们作为自然的栖息地。在这些栖息地中，昆虫的数量和其他生物可以被保留下来。对此，我们将在第十六章中详细讨论。昆虫对杀虫剂产生了抗药性，并且这种抗药性不断增长，这正在改变着昆虫。当然，也许还有其他遗传因素也会导致昆虫的变化。一位科学家甚至建议：“在这些昆虫的遗传性被进一步改变之前，我们应当修建一些‘动物园’，以保留昆虫、螨类及其同类生物。”

有专家曾提出警告：“如今，越来越多的人正在使用除草剂，这在植物中引起了影响重大而难以捉摸的变化。”人们用来清除阔叶植物的化学药物 2,4–D 使得草类日益茂盛——现在，其中一些草已变成了“杂草”。于是，在控制杂草上，人类又遇到了新问题，而后又进入到一个恶性循环之中，并随即又产生了一个向另外方向转化的循环。这种奇怪的情况在最近一期关于农作物问题的杂志上得到承认：“由于人们广泛使用 2,4–D 控制阔叶杂草，野草已成为影响谷类与大豆产量的一种威胁。”

豚草是枯草热病受害者的病源，它也为我们提供了一个有趣的例子。为了控制水草，人们在道路两旁喷洒了数千加仑化学药物。然而，这种地毯式喷洒使豚草更多了。豚草是一年生植物，它的种子需要在开阔的土地上才能生长。因此，我们消除这种植物最好的办法是继续保持灌木、羊齿植物和其他多年生植物紧密地生长环境。在反复喷药的过程中，药物消灭了这些保护性植物，使得当地变成了旷野荒郊。结果，豚草迅速长满了这些区域。实际上引起过敏症的花粉含量可能与路旁的豚草无关，但是，它们可能与城市地块上以及休耕地上的豚草有关。

长期以来，山查子草给人们带来了不少麻烦。因此，制造商们看准了“商机”。随后，针对该草的除草剂隆重上市——虽然这种方式十分不合理，但却广受欢迎。其实，在根除山查子草方面，有一种方法比使用化学药物成本更低，效果更好——使它与另外一种牧草竞争，这将使山查子草彻底消失。山查子草只能生长在植被不茂盛的草坪上（这是山查子草的特性，而不是由于其本身的疾病）。因此，我们可以培育肥沃的土壤并使其他青草长得茂盛。这样一来，山查子草就无法生长，因为它只能在开阔的空间里发芽生长。

如今，医药生产商说服了苗圃人员，而苗圃人员又说服了郊区居民。结果，郊区居民每年都会在草坪上喷洒大量山查子除草剂。我们无法在商标上看到这些农药的配方。其实，它们包括汞、砷和氯丹等有毒物质。随着大量农药进入市场，越来越多的人都会使用这些农药，这使得草坪上留下了大量化学药物残留。按照使用说明，使用者在一英亩地中使用六十磅氯丹产品。如果他们同时使用另一些产品，那么，这一英亩地中将含有一百七十五磅砷。我们将在第八章看到，鸟类死亡的数量与日俱增。而这些草坪究竟会给人类带来何种危害，我们现在还不得而知。

与此同时，有一些地区的人们一直对道旁和路标界的植物进行选择性喷药试验。结果，他们取得了成功。这也让我们看到了希望——通过正确的生态方法，我们可以实现对农场、森林和牧场植物的控制。此种方法的目的并不是为了消灭某种植物，而是要把植物作为群落进行管理。

其他一些稳固的成绩说明了什么是能够做得到的。在控制那些于人类无益（至少有些人是这样认为的）的植物方面，生态控制方法取得了一些惊人成就。大自然本身也遇到了一些问题（这些问题也困扰着我们），但是，大自然通常是以它自己的办法成功地解决了这些问题。对于一个有足够的知识去观察自然并一心想“征服”自然的人而言，他最后一定能够有所收获。

在加利福尼亚州，人们在克拉玛斯草的控制时遇到了很大的困难。克拉玛斯草（也称山羊草）是一种原产于欧洲的植物。欧洲人民称之为“圣约翰斯沃特草”。长期以来，它们随人向西方迁移。一七九三年，人们首次在美国（在靠近宾夕法尼亚州兰开斯特的地方）发现了这种草。一九〇〇年，这种草扩散到了加利福尼亚州的克拉玛斯河附近，于是，人们就称之为“克拉玛斯草”。一九二九年，美国近十万英亩牧地上遍布着这种草；而到了一九五二年，该面积已近二百五十万英亩。和鼠尾草这样的当地植物不同的是，克拉玛斯草在该地没有自己的生态空间，也没有动物和其他植物需要它。恐怖的是，如果有牲畜吃了这种草，它们就会变成“满身疥癣，口舌生疮，毫无生气”的样子。因此，土地不再值钱。克拉玛斯草给人们带来了巨大的经济损失。

尽管如此，在欧洲，克拉玛斯草从未造成任何问题。因为当地出现了多种昆虫，它们就以这种草为食。如此一来，这种草的生长得到了很好的控制。在法国南部，有两种甲虫长得像豌豆一样大，它们完全以这种草为食，从而得以繁殖。

一九四四年，美国迎来了第一批装载这些甲虫的货物。这是一个具有历史意义的事件，因为这是人们首次在北美利用食草昆虫控制植物。一九四八年，这两种甲虫大量繁殖，人们无须继续进口这些甲虫。随后，人们把甲虫从原来的繁殖地收集起来，然后再把它们以每年一百万只的比例散布开去。在完成了甲虫散布的区域，只要克拉玛斯草一枯萎，甲虫就会马上继续前进，并且非常准确地找到“新家园”。于是，当甲虫削弱了克拉玛斯草后，牧场里的其他植物就能够重新生长。

一九五九年所完成的一个十年考察说明对克拉玛草的控制已使其减少到原来数量的百分之一。这一效果出乎“热心者们”的意料。更值得注意的是，这些甲虫的大量繁殖是无害的，我们也需要通过维持甲虫的数量以控制克拉玛斯草的生长。

在澳大利亚，人们也成功地控制住了野草的生长，而且他们使用的方法成本较低。曾经，殖民者有一个习俗——将某种植物或动物带入一个新的国家。一七八七年左右，一位名叫阿瑟·菲利浦的船长将多种仙人掌带进了澳大利亚，企图用它们培养可作染料的胭脂红虫。一些仙人掌和霸王树从果园里生长出来，直到一九二五年，人们发现了近二十种仙人掌已变成野生的。由于该地没有能够天然控制这些植物的因素，它们便蔓延开来。最后，在将近六千万英亩的土地上，人们都能发现它们的踪迹。这块土地至少有一半都被仙人掌覆盖住了，从此便失去了价值。

一九二〇年，澳大利亚昆虫学家来到了北美和南美（这些仙人掌的天然产地），他们企图研究这些仙人掌的天敌。经过对某种昆虫进行试验后，他们确定了一种蛾（其来自阿根廷）。一九三〇年，这种蛾在澳大利亚产下三十亿个卵。十年后，人们彻底战胜了这些仙人掌。最终，在这些蛾子的帮助下，曾经被仙人掌蹂躏的地区又恢复了牧场的面貌，迎回了牧民和牲畜。在整个过程中，每英亩土地的治理成本不足一便士。相比之下，那些化学控制办法不仅效果欠佳，而且每英亩土地的治理成本足足需要十英镑。

这些例子表明，那些以植物为食的昆虫往往能够有效地控制某些植物的生长。实际上，牧畜业者能轻易获得这些昆虫，它们也的确能够为人类带来很多好处。然而，人们却对此一直视而不见。

## 第七节　不必要的大破坏

当人类大言不惭地想要征服自然时，他们的种种行为正给大自然带来无法弥补的破坏——在危害人类家园的同时，也殃及大自然的其他生命。数百年来，人们的各种“罪行”简直罄竹难书——在西部平原，野牛惨遭杀害；海鸟在劫难逃；白鹭遭受了灭顶之灾。如今，人们变本加厉，开始大肆使用各种杀虫剂，这使得各种鸟类、哺乳动物、鱼类，以及其他野生物都无处可逃。

就目前的情况来看，人们喷洒化学药物的愚蠢行为似乎没有终止的可能。在人们消灭昆虫的过程中，还有很多无辜的生物也惨遭毒手，如驹鸟、野鸡、浣熊、猫，甚至牲畜因为恰好与要被消灭的昆虫住在同一地点而被杀虫害剂所害。对此，人们却视而不见。

不过，也有一些人对此表示不满。他们认为人类的这种行为很不负责。但是，这些人也想不出更好的办法去应对这一切。因此，现在出现了两类人：第一类是那些誓言保护动物的民众以及生物学家。他们表示：“喷洒杀虫剂给自然界以及人类都带来了无法估量的损失，造成了许多灾难。”第二类是治虫机关的官员们。对于第一类人的说法，他们矢口否认。他们甚至妄言：“即使造成了一些损失也无关紧要，想要消灭昆虫就必须付出代价。”那么，我们应该选择哪种观点呢？

证据的确凿性是最重要的，那些在现场做实验的野生物专家最有资格解释野生物的损失情况。但是，专门研究昆虫的昆虫学家却无权发言，因为他们并不希望看到他们的研究成果带来任何不好的影响（如果让他们发表观点，这当然有失公正）。此外，那些机关的工作人员（其来自各州及联邦政府），还有化学药物的制造者也无权发言——对于生物学家报道的事实，他们矢口否认；他们认为，喷药造成的危害不足一提。他们对专家的意见不以为然，对民众的生命安全不以为意，这也很可能是他们矢口否认的原因。对此，出于善意，我们暂且表示理解。但是，他们的言论无凭无据，只是在维护自己的利益。而对此，我们决不能姑息！

因此，我们必须自己去了解相关的控制计划，要对其知根知底；此外，我们在征求意见时，必须选择那些没有偏见的人群——当然，他们也必须熟悉野生物的生活方式。这些药水对野生物界造成的危害是人们有目共睹的。对于养鸟人、郊外居民、猎人、渔夫，或荒野探险者而言，这些破坏甚至剥夺了他们欣赏自然的合法权利——在经历喷药过后，虽然某些鸟类、哺乳动物和鱼类能够重新繁衍，但境况早已不如从前！

而且，它们重新繁衍的过程依旧充满挑战，并且历时久远。人们通常都会反复喷药。如此一来，留给野生物“喘息”的机会少之又少。此外，喷药还会使整个环境受到污染——此时，不仅原生生物会因此而死亡，那些从别处移居至此的生物也难以幸免。喷药的范围越大，危险也就越大。这对于所有的生物而言，简直是四面楚歌，毫无安全可言！近十年来，人们共计已在数千亩甚至数百万亩土地上喷了药水。并且，越来越多的个人及团体喷药时越来越积极。在过去的十年中，美国野生物破坏和死亡的记录与日俱增。

一九五九年秋天，为了控制日本甲虫，人们在密歇根州东南部以及底特律郊区的两万七千多英亩的土地喷洒了大量艾氏剂药粉（一种最危险的氯化烃）。此计划是由密歇根州的农业部和美国国家农业部联合执行的。

事实证明，人们似乎并没有必要这样做。W·P·尼凯尔是该州享有盛誉且学识渊博的博物学家。他表示："在密歇根州南部度过的每个夏天，我都会花很多时间在田野里。二十多年来，根据我的直接经验，底特律城的日本甲虫并不多。多年后，甲虫的数量并没有明显的增长。政府在底特律安装了一些捕虫器，在这些捕虫器里我倒是看到过几只日本甲虫，但为数不多。而在天然环境中，这么多年我只看到过一只甲虫……任何事情都是这样秘密地进行着，以至于我一点儿也得不到关于昆虫数目增加的情报。"

该州有关部门表示，之所以对该区喷药，是因为这些甲虫不请自来，并且为非作歹。虽然他们的言论毫无根据，但最终，人们还是执行了该计划——因为该州提供了人力负责监督执行情况，此外，联邦政府也提供了设备以及工作人员；并且，当地居民愿意为此买账！这个时候，我们似乎真的看到了人们的"团结"。

一九一六年，人们在新泽西州发现了日本甲虫，一种偶然从日本进入美国的外来昆虫物种。当时，在靠近里维顿的一个苗圃中，人们发现了几只带有金属绿色的发亮甲虫。最初，人们甚至没有辨认出这些甲虫。后来才发现它们是日本主岛上的“常住居民”。一九一二年，美国宣布，禁止从其他国家进口苗圃。很明显，这些甲虫之前就是这样进入美国的。

如今，在密西西比河东部的大部分州里，人们都能发现日本甲虫的身影，因为这些地方的温度和降雨条件都很适合它们生长。近些年，这些甲虫不断地扩散。对此，人们一直在进行自然控制。据记载，凡是实行自然控制的地方，甲虫数量也都得到了有效的控制。

在东部地区合理控制甲虫的同时，西部各州却“狼烟四起”——当地的人们开始使用各种危险的化学物。他们原本只想消灭甲虫，结果却导致了大量民众、家禽以及所有的野生生物中毒。目前，这已经杀害了大量的动物，并且将人类置于险境。对此，再也无人能否认了。为了控制甲虫，密歇根州、肯塔基州、衣阿华州、印第安纳州、伊利诺伊州以及密苏里州的许多地区都笼罩在农药的阴影之下。如今，这些地区的人们正在为此付出代价。

最初，人们选择了密歇根州作为首个喷药地，并选择了艾氏剂（在所有化学药物中，其毒性最强）作为杀虫剂。当然，这并非因为它在控制日本甲虫方面效果显著，而是为了省钱——在可用化合物中，艾氏剂最便宜。一方面，各州官方出版物都承认艾氏剂是一种“毒物”；而另一方面，它们又暗示人们在人口稠密的地区使用这种药剂，并声称这并不会给人类带来危害。（有人问：“我们应该采取什么样的预防措施？”官方却回答：“放心吧，这些药物是不会伤害到你的。”）对于喷洒药物的效果，当地出版物引用一位联邦航空公司官员的话称：“该操作绝对安全无害。”一位来自底特律的园林及娱乐休闲部门的代表声称：“这种药粉不会给人带来危害，也不会伤害植物和兽类。”此前，美国公共卫生调查所、鱼类及野生物调查所发表了大量很有价值的报告。然而，却没有任何官方人员查阅过这些报告。人们不难想象，他们肯定也没有提前了解艾氏剂的毒性问题。

密歇根州出台了有关消灭害虫的法律。根据这一法律，即使未经土地所有者同意甚至在土地所有者不知情的情况下，各州也可随时喷药。如此一来，喷药飞机便无所顾忌了。当喷药飞机低空飞临底特律时，民众议论纷纷，十分不安。在一个小时内，警察局就收到了近八百份投诉意见。警察通过广播电台、电视台和报纸宣称：“一切都在掌控之中。”联邦航空公司的安全员向公众保证：“我们一直在监督这些飞机。并且，飞机低飞是经过批准的。”为了减少公众的恐惧，这位安全员又解释说：“这些飞机上有紧急阀门，通过这些阀门，飞行员可以把负载物全部扔出去。”这个解释简直多此一举，甚至平添了更多恐惧。然而，当这些飞机经过时，杀虫剂的药粒不仅落在了甲虫生活的地方，也落在了人身上——去购物的人、上班族，甚至是上下学的孩子。家庭妇女们从门廊和人行道上扫走了“雪一样的小颗粒”（喷洒的药物）。后来，密歇根州奥杜邦学会指出：“艾氏剂和黏土混合后便会形成白色小药粒（甚至比针尖还小），随后，大量药粒将进入到天花板的空隙里、屋檐的水槽中以及树皮和小树枝的裂缝中。雪后或雨后，每个水坑里的水都成了致命的毒药。”

在人们喷洒药物几天后，就有很多人开始呼吁保护鸟类。对此，底特律奥杜邦学会深有体会。奥杜邦学会的秘书安·鲍尔斯说：“在某个周日的早上，我接到了一个妇女的电话。她说，当她从教堂回家时，看到了大量鸟儿的尸体和一些奄奄一息的鸟儿。人们周四在那里喷过药。她还说，如今，这个地方再也没有鸟儿欢快地翱翔了。后来，她在后院发现了一只死鸟，她的邻居也发现了死去的田鼠。”那天鲍尔斯先生收到的所有电话都说“大量的鸟都死了，我们已经看不到活着的鸟了”。饲养野鸟的人们说：“我们已经没有鸟儿可养了。”后来，人们对那些垂死的鸟儿进行了研究。研究发现，它们表现出典型的杀虫剂中毒症状——浑身战栗，失去了飞翔能力，全身瘫痪，时而惊厥。并非只有鸟类才会在短时期内受到这些药物的影响。在某个乡镇，当地的一位兽医说：“办公室里挤满了求医者，他们都带着突然病倒的狗和猫。其中，猫的病情最为严重——严重的腹泻、呕吐和惊厥。”兽医们表示，他们只能劝告求医者们尽量少带动物外出；动物外出归来后，应赶快把它们的爪子洗干净。但是，水果或蔬菜里如果也沾上了氯化烃，那就没法洗掉了。

即便如此，城镇的卫生委员们依然认为这些鸟儿是死于其他的药物。对于动物表现出的喉咙发炎和胸部受到刺激等症状（这是因艾氏剂中毒后的典型症状），他们也一再认为这是由其他原因导致的。然而，民众的控诉从未停止过。一位杰出的底特律内科大夫在给四位病人看病后了解到，他们在观看飞机洒药时接触了杀虫药，一小时后就病了。这些病人都有着相同的症状：恶心、呕吐、发冷、发烧、异常疲劳以及咳嗽。

为了消灭甲虫，其他村镇的许多居民们也采用了底特律的这一方法。在伊利诺伊州兰岛上，人们发现了数百只死鸟和奄奄一息的鸟。有人统计后发现，此处百分之八十的鸣禽都已死亡。一九五九年，人们在乔利诶特（位于伊利诺伊州）的三千多英亩土地上喷洒了七氯。根据当地运动员俱乐部的报告，人们发现，在洒过药的地方，所有的鸟儿都被消灭了。人们还发现了大量死去的兔子、麝香鼠、袋鼠和鱼。当地某个学校做了一项科学活动——收集那些死于杀虫剂的鸟。

为了消灭昆虫，比伊利诺伊州东部的谢尔敦和易洛魁镇附近地区付出了惨痛的代价。一九五四年，为了消灭日本甲虫，美国农业部和伊利诺伊州农业部在伊利诺伊州喷洒了大量药水。最初，他们满怀希望，以为能够通过这种方法彻底消灭甲虫。第一次喷药时（一九五四年），人们在一千四百英亩的土地上喷洒了狄氏剂。一九五五年，他们又在二千六百英亩土地上喷洒了大量狄氏剂。事后，他们自以为任务完成得相当完美。随后，越来越多的地方希望能够使用化学处理。截止一九六一年末，人们已在十三万一千英亩土地上喷洒了化学药物。即使在喷药的第一年，就有野生物及家禽遭受了严重毒害。然而，人们依然在喷洒药物，但是，在这之前，他们并未获得美国鱼类及野生物调查所以及伊利诺伊州狩猎管理局的同意。然而，一九六〇年春天，联邦农业部的官员们表示："事前商量毫无必要，因为人们会经常喷药，这种合作经常会有，总是商量实在太麻烦。"但是，他们忽略了很重要的一点：他们根本没法像华盛顿那样，在喷药的过程中确保十足的安全性。

讽刺的是，那些提倡进行化学控制的人能够得到源源不断的经济支持；而那些研究化学控制给野生物带来危害的生物学家们却是举步维艰，资金短缺——一九五四年，用于雇用野外助手的资金只有一千一百美元，而到了一九五五年便没有任何经济援助。尽管困难重重，但这些生物学家们依旧投身于研究工作，并得出结论：只要人们对自然环境喷洒药物，不久后，人们将为此付出惨痛的代价。

鸟类的中毒情况因毒药种类而异，也取决于人们使用毒药的方式。最初，人们在萨尔顿喷洒药物时，每英亩喷洒三磅狄氏剂。研究证明，狄氏剂的毒性为滴滴涕的五十倍。因此，这就相当于在每英亩土地上喷洒了一百五十磅滴滴涕！而且，人们在喷洒药物时，还会沿着田埂和角落重复喷洒。

当化学药物渗入土壤后，中毒甲虫的幼虫会爬到地面上。在地面上停留一段时间后，它们就将死去。此时，各类以昆虫为食的鸟便会大快朵颐。最终，它们也会因此中毒而死。实际上，褐色长尾鲨鸟、燕八哥、野百灵鸟、白头翁和雉鸟已全部被消灭了。据生物学家报告："知更鸟几乎绝灭了。"雨后，大量死去的蚯蚓都被冲刷到地面——知更鸟可能误食了这些有毒的蚯蚓。曾几何时，对万物而言，降雨是一件好事。可如今，降雨却成了万千鸟类的"死亡推手"。有人发现，在喷药几天后，那些在雨水坑里喝过水和嬉戏过的鸟儿都无一幸免地死去了。就算有鸟儿幸存下来，也都无精打采。也有人在喷药区发现了鸟窝，里面有一些鸟蛋，但是却没有小鸟。

在这个过程中，隶属哺乳动物的田鼠已经灭绝了。在对它们的尸体进行研究后，研究人员发现，它们表现出来的所有特征都指向中毒身亡。在喷药区，麝香鼠尸横遍野，田野里也有很多兔子的尸体。此前，人们能在城镇里见到很多狐鼠；可如今，它们消失得无影无踪。

在人们喷药后，萨尔顿地区所有农场中的猫也都不见了踪影。其实，人们在喷药前就可以预见到这种情况，因为在其他地方，人们已记录了这些毒物带来的灾难。猫对所有杀虫剂都非常敏感，对狄氏剂尤为敏感。为了消灭疟蚊，世界卫生组织在爪哇西部喷洒了大量药物。后来，有报道指出，大量的猫因此而死。在爪哇中部，一只猫的价格翻了一倍以上（因为该地大部分的猫都被毒死了）。无独有偶，在委内瑞拉喷洒药物后，世界卫生组织得到报告称"猫的数量急剧减少，在当地，猫甚至可以算得上稀有动物了"。

在萨尔顿居民为了消灭昆虫而喷药后，野生物深受其害；并且，家禽也深涉其中——大量家禽都被毒死了。人们在对数群牛羊观察后发现，它们因中毒而死亡。这意味着牲畜也受到了药物的威胁。对此，自然历史调查所也做过相关报告：

> 五月六日，人们将羊群从喷洒过狄氏剂的田野里赶往另一片未喷洒过药水的牧场里，此处野草旺盛。但是，这两个地方只相隔一条道路。不幸的是，人们喷洒的药粉飘到了牧场里。随后，这些羊表现出了中毒的症状——它们毫无食欲，暴躁不安，它们沿着牧场篱笆转来转去（显然想找路出去）。当牧场主去赶它们时，它们表现得十分不

情愿。它们不停地叫着，耷拉着头站着。最后，牧场主还是将它们转移到了别处。它们不停地喝水。在穿过牧场的水溪中，牧场主发现了两只死羊。后来，又有三只羊死了。最后，那些幸存的羊恢复了正常。

以上只是一九五五年年底的部分状况。这种“化学战争”已持续多年，研究资金也日益短缺。此前，人们研究野生物与杀虫剂的关系时能够随意调动资金。如今，这笔资金已被包含在年度预算内——这个年度预算是自然历史调查所提交给伊利诺伊州立法机关的。一九六〇年，人们发现其中有一笔钱支付给了一个野外工作助手——他一个人完成了四个人的工作量。

在很长一段时间里，生物学家们中断了各项研究。到一九五五年，他们重新开始了这些研究。此时，野生物依然处于水深火热之中，悲惨的画面依旧让人感到窒息。并且，人们已经开始使用毒性更强的艾氏剂。研究人员在对鹌鹑进行实验后发现，艾氏剂的毒性是滴滴涕的一百到三百倍。一九六〇年，栖居在这个区域中的各种野生哺乳动物都受到了药物的危害。鸟类的情况更加糟糕。在多拿温（一个小城镇），知更鸟已经灭绝了；白头翁、燕八哥、长尾鲨鸟也遭遇了同样的下场。而在其他地方，这些鸟类以及其他许多鸟类数量都急剧下降。许多猎人也都亲眼看见了喷药给这些动物带来的伤害。在喷药区，鸟窝数量减少了近一半；而且窝中孵出的小鸟数量也有所减少。此前，该地有大量野鸡；如今，再优秀的猎人来到此处也只能空手而归——因为此处根本就没有多少鸟类了，而野鸡也早已灭绝了。

为了消灭日本甲虫，人们兴师动众，造成了很多破坏；八年内，人们在伊诺卡斯城的十万亩土地上喷洒了大量药物。一切看起来似乎都得到了控制，实际上，日本甲虫还在继续向西蔓延。我们不得不承认，整个喷药计划并没有多大效果，可是人们却依旧在各地喷药，而且这个过程又需要不少的经费。我们可能永远都无法知道还有多少人会在多少地方喷洒药物。对此，伊利诺伊州的生物学家们做了预测，但这只是一个最小值。如果野外研究的资金充足，并且，人们能够全面地了解到受灾情况的话，那么所有人都必将为此惊愕不已。但是，在人们喷药的八年内，生物学野外研究者们只得到了六千美元资助。相反，联邦政府在昆虫的化学控制方面却花费了近七十三万五千美元，并且，州立政府资助了数千美元。我们不难发现，野外研究的经费相形见绌，实在是少得可怜。

为了消灭甲虫，中西部地区的人们简直是不择手段。他们在喷洒药物的整个过程中显得十分慌张，就好像甲虫的扩散对他们而言是一场噩梦一样。实际上，这些甲虫并没有人们想象得这么恐怖。而且，如果当地居民（他们一直忍受着化学药物的侵害）了解到早期美国人对付日本甲虫的经历的话，那么他们绝对不会允许这种洒药的做法。

而东部各州又是另一番景象。在人们发明人工合成杀虫剂之前，甲虫就侵入了此处。当地居民采取了一些方法（这些方法并不会伤害到其他动物），后来，他们成功控制住了日本甲虫，也避免了虫灾。与底特律和萨尔顿不同的是，东部各州并没有大范围地喷洒药水，他们更倾向于借助自然控制作用——这种作用更为持久，而且对环境安全无害。

在甲虫侵入美国的最初十余年里，它们的数量急剧增多，因为美国的自然环境中已经没有任何东西能对它们构成威胁了。但是到一九四五年，人们还是战胜了这些甲虫——人们从远东进口了寄生虫，还使用了一些能导致甲虫疾病的方法，而这些疾病都是致命的。

一九二〇到一九三三年间，人们对日本甲虫的出生地进行了调查。此后，为了对日本甲虫进行天然控制，人们从东方国家进口了三十四种捕食性昆虫和寄生性昆虫。如今，其中有五种已在美国东部“定居”。在这些昆虫中，最有效的以及分布范围最广的是寄生性黄蜂，它们来自朝鲜和中国。当雌蜂在土壤中发现甲虫幼蛆时，它们会向幼蛆注射液体，这种液体将使其瘫痪；同时，它们会将卵产在蛆的表皮下面。蜂卵孵化后成为幼虫，这个幼虫就以瘫痪后的甲虫幼蛆为食，而且会把它们吃光。在大约二十五年的时间里，按照州与联邦机构的联合计划，人们将此种蜂群引进到东部十四个州里。如今，黄蜂已“定居”在该区域。由于它们在控制甲虫方面起到了重要作用，因此，它们赢得了昆虫学家们的信任。

此外，有一种细菌性疾病发挥了更为重要的作用。这种疾病会对金龟子科（一种甲虫科）产生重要影响，而日本甲虫就属于此科。这种细菌非常特殊——它不会侵害其他类型的昆虫，对蚯蚓、温血动物和植物均无害。它们的孢子存在于土壤中。当孢子被觅食的甲虫幼蛆吞食后，它们就会在幼蛆的血液里繁殖，而且速度惊人。随后，甲虫幼蛆变成白色，人们称之为“牛奶病”。

一九三三年，“牛奶病”首次出现在新泽西州。一九三八年，该病已蔓延到日本甲虫大量繁殖区域。一九三九年，为了更快地消灭甲虫，人们开始了另一项控制计划。虽然人们还没有发现某种人工办法能够加快这种细菌的生长速度，但却找到了一个不错的代替办法：他们将那些虫蛆（已被细菌感染）磨碎后晒干，并将其与白土混合。按照标准，一克土应含有一亿个孢子。一九三九年至一九五三年期间，人们将这种方法应用在东部十四个州约九万四千英亩土地上。联邦的其他区域也加入了这个队列；此外，其他一些地区也加入了该队列。一九四五年，“牛奶病”已在康涅狄格、纽约、新泽西、特拉华和马里兰州扩散开来。在一些实验区，有百分之九十四虫蛆受到了感染。一九五三年，该工作终止，而后成为一个政府项目。后来，某私人实验室承担了该项目。这个私人实验室为个人、公园俱乐部、居民协会以及其他需要控制甲虫的人提供服务。

曾经，东部各区都实行了该计划，并对甲虫成功地实行了自然控制；如今，该区人民已摆脱甲虫困扰。这种细菌能在土壤中存活多年。由于效力不断增加，自然作用又不断地将其扩散，它们将永久地保卫那一片土地，使其免受甲虫的侵袭。

然而，这种方法为何不能在伊利诺斯和中西部其他各州实行呢？有人说，这种方法成本太高。然而，人们在东部十四个州实行这种办法时并没有觉得成本太高。而且，这种成本又是如何计算出来的呢？显然，他们没有考虑到萨尔顿的喷药计划造成的毁灭已经让人们为此付出的代价；他们在计算成本时也肯定没有将这一切考虑进去。并且，他们根本就没有意识到，通过孢子接种仅需进行一次，之后便一劳永逸，不需再付出额外的费用。

也有人说，我们不应该在甲虫分布较少的地区投放“牛奶病”孢子，因为只有在大量甲虫幼蛆存在的地方，“牛奶病”孢子才能“定居”。对此，我们也深表怀疑。研究发现，这些细菌不仅能够导致日本甲虫患上“牛奶病”，而且能够对四十种其他种类的甲虫起作用。这些甲虫分布广泛，即使在日本甲虫数量很少或完全不存在的地方，该细菌也完全可以传播甲虫疾病。而且，由于孢子在土壤中能够长期生存（它们甚至可以在虫蛆完全不存在的情况下继续生存），等到某类甲虫为非作歹时，它们就能够充分地发挥作用了。

即便如此，依然会有不少人继续使用化学药物。他们为了立即看到“效果”，便不计一切代价。同样，还有一些人十分青睐“优质化学药物”，他们不在乎费用，也愿意反复喷药。他们总以为，这样就能真正控制住昆虫。

幸运的是，还有一些人更为理性——为了彻底地控制住甲虫，他们等待；有时，等待的时间可能需要三个月甚至半年。即使如此，他们依然选择耐心等待。他们清楚地知道，通过“牛奶病”控制昆虫，这种方法不仅安全无害，而且效果持久。

如今，美国农业部实验室（位于伊利诺伊州皮奥利里）的工作人员正在进行一项研究计划。他们想找出一种人工培养“牛奶病”细菌的方法。这将大大节约成本，也将使其广泛运用。经过数年的研究，他们已经取得了一些成果。最终，当人们发现更为理性的方法后，人们肯定能更好地控制那些日本甲虫，这些甲虫在它们极端猖獗时一直是中西部化学控制计划的噩梦。

人们在伊利诺伊州东部喷洒农药的行为不仅在科学上引发了很多问题，而且在道义上也造成了一些困扰。我们必须思考的是：在对其他生命发动“战争”的同时，我们的行为是否会毁灭自己？并且，我们的所作所为是否具备文明人该有的尊严？

为了消灭某些昆虫，人们使用了各种杀虫剂。但是，它们的剧毒无差别地屠戮了所有生灵。人们之所以使用杀虫剂，是因为他们认为这些杀虫剂能够毒死害虫。然而结果却是，这些杀虫剂会毒害所有与之接触的生命——家猫、耕牛、兔子和云雀。这些生物对人是没有任何害处的。实际上，正是由于这些生物及其同类的存在，才使得人类生活更加丰富多彩。然而人们却无情地将它们杀害了。萨尔顿的科学观察者们这样描述垂死的百灵鸟：“它们侧躺着——显然已失去肌肉的协调能力；它们无法飞翔或站立，只能不停地拍打翅膀，并紧紧地缩起它们的爪子。它们张着嘴，吃力地呼吸着。”他们这样描述垂死的田鼠：“它们的背弯曲着，握紧的前爪缩在胸前。头和脖子往外伸着，它们的嘴里常含有脏东西。”听到这些，人们不难想象这些小动物死前的挣扎场景，这一切着实让人心痛。

面对自然界的其他生命，人类竟能下此毒手。这个时候，人类还有尊严吗？

## 第八节　再也没有鸟儿歌唱

如今在美国，越来越多地方已没有鸟儿报春。曾经，清晨早起，到处可以听到鸟儿的美妙歌声；而如今，万籁俱寂。曾几何时，鸟儿们给这个世界增添了许多色彩，也带来无穷的乐趣，让这个世界变得更加美丽。然而，人们对此却视而不见。而现在，鸟儿正悄然绝迹。

在伊利诺伊州赫斯台尔城，有一位家庭妇女对此倍感绝望。于是，一九五八年，她写信给美国自然历史博物馆鸟类名誉馆长罗伯特·库什曼·马菲（世界知名鸟类学者）：

> 数年来，我们村里的居民一直在给榆树喷药。六年前，我们刚搬到此处。那时，这儿有很多鸟。于是，我就干起了饲养工作。在整个冬天里，有许多北美红雀、山雀、绵毛鸟和五子雀会从这里经过；而到了夏天，红雀和山雀又带着小鸟飞回来了。
>
> 而近几年来，人们一直在喷洒滴滴涕。最后，几乎所

> 有知更鸟和燕八哥都灭绝了。在将近两年的时间里，我在饲鸟架上已看不到山雀；今年，连红雀也消失了。在邻居那儿，只有一对鸽子留下筑巢，好像还有一窝猫鹊。此外，就什么也没有了。
>
> 在学校里，老师教育孩子们“联邦法律是用来保护鸟类免受捕杀的”。因此，我无法告诉孩子们鸟儿其实是被人类杀死的。可是，孩子们依旧会问：“它们还会回来吗？”对此，我无言以对。如今，大量榆树正在凋零死去，许多鸟儿也在死去。面对这些，你们是否正在采取措施呢？你们又能够采取些什么措施呢？而我又能做些什么呢？

此前，联邦政府执行了“扑灭火蚁计划”——他们喷洒了大量化学药物。距此仅一年后，一位来自亚拉巴马州的妇女写道：“近百年以来，我们这个地方一直是鸟类的圣地。去年十月，我们都注意到，这儿的鸟儿比以前更多了。然而，在今年八月的第二个星期里，所有鸟儿都不见了。我习惯了每天早上起来喂养我心爱的母马，它已产下一只小马驹。以前，我在喂马的时候经常能够听到鸟儿的欢叫声。但是现在，我再也听不到鸟儿的声音。这种情景是凄凉和令人不安的。我时常想，人们对这个美好的世界都做了些什么？距此五个月以后，我才发现了一种蓝色的樫鸟和鹪鹩。”

在那个秋天里，我们又收到了一些同样令人难受的报告，它们来自密西西比州、路易斯安那州及亚拉巴马州边远的南部。由国家奥杜邦学会和美国渔业及野生生物管理局出版的季刊《野外纪事》

有过这样的记载：在这个国家，有一些地方的鸟类全部灭绝了，这种现象简直令人触目惊心。《野外纪事》囊括了一些有经验的观察家们所写的报告。多年来，这些观察家们都在特定地区进行野外调查。他们对这些地区鸟类的生活十分了解。一位观察家说："那年秋天，当我开车行驶在密西西比州南部时，在很长一段路程内，我根本看不到任何鸟儿。"另外一位观察家说："我把饲料放在了一个固定且容易找到的位置，但是，连续数星期内没有一只鸟儿来吃这些食物。当时，院子里的灌木到了该抽条的时候，但树枝上却仍然浆果累累，并没有鸟儿来过的痕迹。"还有一位观察家说："曾经，我的窗口上经常会聚集四五十只红雀和一大群其他各种鸟类，它们组成了繁星点点的图画，美丽动人；可如今，我已经很久没有看到窗前停留的鸟儿了。"莫尔斯·布鲁克斯是西弗吉尼亚大学的教授，并且是阿巴拉契亚地区的鸟类权威，他说："西弗吉尼亚的鸟类数量急剧减少，其速度令人难以置信。"

从知更鸟的遭遇中，我们可以窥探鸟儿的悲惨命运——如今，知更鸟已遭遇灭顶之灾，这也有可能是其他鸟类的命运。对于千百万美国人而言，当他们看到第一只知更鸟出现时，这就意味着冬天的河流已经解冻。大街小巷都会欢迎知更鸟的到来，大家在吃饭时热切相告。随着候鸟的陆续到来，森林逐渐绿意葱茏，成千上万的人们在清晨倾听着知更鸟的歌声。可如今，一切都变了。如果现在有人看到鸟儿返回此处，他们并不会为此欢欣鼓舞，只会对此充满疑问，并为之感到担忧。

在某种程度上，知更鸟以及其他很多鸟儿的存在与美国榆树密切相关。从大西洋海岸到落基山脉，这种榆树存在于数千城镇的历史进程中。它们成排地生长，给人一种庄严的感觉。同时，它们装扮了街道、村舍和校园。可如今，这种榆树患上了病，这种病蔓延到榆树生长的所有区域。而且，这种病十分严重。对此，专家们承认，任何救助这种榆树的努力都将是徒劳无益的。最后，我们可能不得不面临失去榆树带来的悲伤，但是，在抢救榆树的徒劳中，如果我们把我们绝大部分的鸟儿也置于黑暗中，那将使我们感到更加悲伤。然而，这正是我们目前所面临的威胁。

一九三〇年，人们从欧洲进口了大量榆木节（用于镶板工业）。可能就在此时，"荷兰榆树病"也被带到了美国。该病属于菌病，这种菌会侵入到树木的输水导管中，其孢子通过树汁流动而扩散。并且，由于其有毒分泌物及阻塞作用而致使树枝枯萎，最终导致榆树死亡。榆树皮中有一种甲虫，它们会将该病从病树传播到健康的树上。这种昆虫会在枯死的树皮下开凿"通道"；而后，菌孢会侵入此处并污染该"通道"。随后，菌孢会贴在甲虫身上，并被甲虫带到其他渠道的任何地方。因此，想要控制榆树病，在很大程度上需要控制住那些昆虫传播者。于是，在美国榆树集中的地区——美国中西部和新英格兰州，大部分村庄每天都会喷洒大量药物。

那么，人们喷洒的药物对鸟类，特别是对知更鸟会有什么影响呢？乔治·华莱士（密歇根州大学的教授）和他的博士研究生约翰·迈纳首次对该问题做出了明确回答。一九五四年，迈纳先生开始准备他的博士论文。当时，他选择的研究课题和知更鸟种群有关。当然，他选择这个课题完全出于巧合，因为当时还没有人意识到知更鸟将要面临的危险。但是，正当他开展这项研究时，一件不幸的事情发生了——这件事改变了他研究的课题的性质，并杀害了他的研究对象。

一九五四年，在某大学内，人们在小范围内对榆树喷洒药水。次年，人们扩大了在该校的喷药范围——他们把整个东兰辛城（该大学所在地）也包括在内。并且，在喷药过程中，他们不仅对吉卜赛蛾（目标群体）喷洒药物，而且对蚊子也喷洒了药物。最后，人们喷洒的药水量简直堪比一场大雨。

一九五四年（首次少量喷药的第一年），一切看起来进行得很顺利。次年春天，迁徙的知更鸟像往常一样开始重返校园——就像汤姆林逊的散文《失去的树林》中的野风信子一样，当它们重新出现在它们熟悉的地方时，它们并没有料到有什么不幸的事将要发生。但是，一切不幸正悄然发生着。在校园里，人们陆续发现死去的和垂死的知更鸟。在鸟儿经常啄食和栖息的地方已经几乎看不到鸟儿了。没有多少鸟儿在筑建新窝，也几乎没有幼鸟出现。在之后的几个春天里，这一情况单调地重复出现。喷药区已变成一个“死亡陷阱”——只需一周时间，迁徙至此的知更鸟就将默默死去。不幸的是，大量从别处飞来的鸟儿到达此处后，不久后都会死去。人们在校园看到大量垂死的鸟儿——死前，它们浑身战栗，一直在挣扎着。

华莱士教授说：“对于大多数想在春天找到住处的知更鸟而言，校园已成了它们的坟墓。”我们该如何理解这种说法呢？最初，他怀疑知更鸟是死于神经系统的某些疾病。但是，他很快就发现了这些鸟儿的真正死因。他说：“尽管那些使用杀虫剂的人保证那些药物对

'鸟类无害'，但那些知更鸟的确是因杀虫剂中毒而死。知更鸟表现的一些病症我们并不陌生——最初，它们失去了平衡，随后浑身战栗、惊厥，最后痛苦地死去。”

人们观察后发现，有些知更鸟中毒而死并非由于直接接触了杀虫剂，而是因为吃了蚯蚓后导致其间接中毒。在校园中，研究人员偶尔会用蚯蚓喂养研究项目中的蝼蛄。不久，所有蝼蛄都中毒而死。此外，一条蛇（它们被养在实验室的笼子里）在吃了这些蚯蚓后也开始猛烈地颤抖起来。不幸的是，到了春天，蚯蚓是知更鸟主要食物。

很快，来自伊利诺伊州自然历史考察所（位于尤巴那）的罗·巴克博士解开了知更鸟的死亡之谜。他发现了整件事背后存在的循环关系——由于蚯蚓的存在，知更鸟与榆树之间产生了联系。春天，人们对榆树喷洒了药水（通常，每五十英尺一棵树会喷洒二至五磅滴滴涕，这相当于每一英亩榆树会喷洒二十三磅滴滴涕）。人们经常会在七月份又喷一次，浓度是前一次的一半。人们喷洒了大量药水，这不仅直接杀死了人们想要消灭的树皮甲虫，而且杀死了其他的昆虫——包括授粉昆虫和捕食性昆虫（如蜘蛛及甲虫）。毒物在树叶和树皮上形成了一层黏而牢的薄膜，即使是雨水也冲不走它。秋天，树叶落在地上，随后便堆积在一起变潮。慢慢地，这些树叶开始变为土壤——这个过程相对比较缓慢。在此过程中，它们得到了蚯蚓的帮助——蚯蚓吃掉了叶子的碎屑（因为榆树叶子是它们最喜爱的食物之一）。在吃掉叶子的同时，蚯蚓吞下了杀虫剂残毒，这些残毒会在它们体内累积和浓缩。在蚯蚓的消化管道、血管、神经和体壁中，巴克博士发现了滴滴涕的沉积物。毫无疑问，一些蚯蚓因抵抗不住这些毒剂而中毒身亡。而其他活下来的蚯蚓就变成了毒物的“生物放大器”。春天，当知更鸟飞来时，该循环中的另一个环节就产生了。十一条大蚯蚓所含有的滴滴涕残毒就足以毒死一只知更鸟。然而，对于一只知更鸟来说，十一条蚯蚓根本就不足以满足它的胃口——它们几分钟内就能吃下十到十三条蚯蚓。

当然，并非所有的知更鸟都摄入了致死剂量。即便如此，这也可能导致它们的灭绝。不孕的阴影笼罩着所有鸟儿，并且其潜在威胁已触及到了所有生物。每年春天，在密执安州立大学的整个一百八十五英亩大的校园里，人们现在只能发现二三十只知更鸟。而在喷药前，此处约有三百七十只知更鸟。一九五四年，迈纳观察后发现，每一个知更鸟窝中都孵出了幼鸟。如果没有喷药的话，那么到一九五七年六月底，至少应该有三百七十只幼鸟在校园里觅食。然而，迈纳现在仅发现了一只知更鸟。一年后，华莱士教授报告说：“在（一九五八年）春天和夏天里，我在校园的任何地方都看不到一只羽翼丰满的知更鸟。并且，也从未听到有人说看到过知更鸟。”

当然，人们没有发现幼鸟也可能是因为在筑巢完成之前，未出生的幼鸟就已失去了“爸爸”或“妈妈”。但是，华莱士拥有的记录足以令人感到震惊，这些记录指出了一些更糟糕的情况——实际上，鸟儿的生殖能力已经遭到了破坏。例如，根据他的记录，“知更鸟和其他鸟类造了窝却没有下蛋，而其他的蛋也孵不出小鸟来。我们发现了一只知更鸟，它伏窝二十一天（正常的伏窝时间为十三天），但最终却依然孵不出小鸟来。我们分析后发现，那些伏窝的鸟儿的睾丸或卵巢中含有高浓度的滴滴涕。”一九六〇年，华莱士将这个情况上报了国会：“十只雄鸟的睾丸含有百万分之三十至百万分之一百零九滴滴涕；两只雌鸟的卵巢的卵滤泡中含有百万分之一百五十一至百万分之二百一十一的滴滴涕。”

随后，人们对其他区域也展开了研究。研究人员发现，这些区域的情况同样让人感到担忧。威斯康星大学的约瑟夫·赫克教授和他的学生们对喷药区和未喷药区进行了仔细比较研究后，报告说：“在喷药区，至少有百分之八十六到八十八的知更鸟中毒而死。”布鲁克科学研究所（位于密歇根州百花山旁）曾试图估计鸟类由于榆树喷药而遭受损失的程度。一九五六年，该所研究员要求人们把所有被认定死于滴滴涕中毒的鸟儿都送到研究所进行化验分析。数周内，人们送来了大量中毒而死的知更鸟。后来，研究所不得不拒绝接受随后送来的知更鸟尸体（因为中毒身亡的知更鸟实在是太多了）。一九五九年，仅一个村镇就报告或送来了一千只中毒的鸟儿。虽然知更鸟是主要受害者（一个妇女打电话向研究所报告说，当她打电话的时候，已有十二只知更鸟死在了她的草坪上），但研究员也对六十三种其他种类的鸟儿进行了研究。知更鸟仅仅是“榆树喷药计划”中的部分受害者；而“榆树喷药计划”也只是人类众多喷药计划中的一部分。大概有九十种鸟非死即伤。其中有一些鸟儿，郊外居民和大自然业余爱好者都非常熟悉。在喷过药的城镇里，筑巢鸟儿的数量减少了近百分之九十。显而易见，各种鸟类都受到了影响——地面上觅食的鸟，树梢上寻食的鸟，树皮上吃食的鸟，甚至各类猛禽也深受其害。

据此，我们不难猜测出：和知更鸟一样，所有以蚯蚓和其他土壤生物为主要食物的鸟类和哺乳动物的生命都受到了威胁。据统计，约有四十五种鸟类都以蚯蚓为食。山鹬就是其中一种。近来，它们在南方过冬，而这些地方的人们喷洒了大量七氯。在新布朗韦克的孵育场中，幼鸟数量明显减少。研究表明，成年鸟体内含有大量滴滴涕和七氯残毒。

迄今为止，有人做了如下令我们忐忑不安的报道：二十多种地面寻食鸟类已大量死亡，这些鸟类的食物（蠕虫、蚁、蛆虫或其他土壤生物）已经具有毒性。这些鸟中包括三种画眉——橄榄背鸟、鹎鸟和蜂雀，它们的歌声是所有鸟类中最优美动听的，还有麻雀以及和白颔鸟。它们都成了喷药的受害者。

同样，哺乳动物也很容易被卷入这一连锁反应中（有的是直接卷入，有的是间接卷入）。蚯蚓是浣熊各种食物中较重要的一种。到了春天和秋天，袋鼠也常以蚯蚓为食。此外，地鼠和鼹鼠也会捕食蚯蚓，随后，它们可能会把毒物传递给鸣枭和仓房枭（它们都是猛禽）。在威斯康星州，到了春天，下了几场暴雨过后，人们发现了几只死去的鸣枭——它们可能是吃了蚯蚓中毒而死的。有人曾发现一些鹰和猫头鹰处于惊厥状态——其中有长角猫头鹰、鸣枭、红肩鹰、食雀鹰、沼地鹰。它们可能是吃了一些鸟类和老鼠间接中毒而死的，这些鸟类和老鼠的肝和其他器官中蓄积了杀虫剂残毒。

除了在地面上捕食的鸟儿以及那些捕食死鸟的猛禽外，森林里的精灵们——红冠和金冠的鹪鹩，捕蚊者和许多鸣禽也深受其害。在喷药区，所有在树叶中搜寻昆虫并以之为食的鸟儿都消失了。

一九五六年暮春时节，由于人们推迟了喷药时间，人们喷药时恰好遇上大群鸣禽的迁徙高潮。几乎所有飞到该地区的鸣禽都被毒死了。正常情况下，在威斯康星州的白鱼湾，人们每年至少能看到一千只迁徙的山桃啭鸟。而到了一九五八年，在人们对榆树喷药后，观察者们只发现了两只鸟。其他村镇的居民也正在喷洒大量药物，随后，他们便传来了鸟儿死亡的消息。越来越多的鸟儿都因人们喷洒的药物而死亡。其中，有一些鸟一度被人们视若珍宝：黑白鸟、金翅雀、木兰鸟、五月蓬鸟、烘鸟、黑焦鸟、栗色鸟、加拿大鸟和黑喉绿鸟。它们要么是因为吃了有毒的昆虫而受到直接影响，要么是因为缺少食物而受到间接影响。

此外，大量的燕子也遭遇了“食物短缺危机”。它们就像大海中奋力捕捉浮游生物的青鱼一样，整日徘徊在空中，拼命地寻找食物。一位来自威斯康星州的博物学家报告说：“大量的燕子遭到了严重的伤害。很多人都抱怨说‘与四五年前相比，现在的燕子太少了’。的确，四年前，我们抬头便能看到无数的燕子。而如今，我们已经很难再看到它们了。这可能是因为人们喷洒的药水使昆虫变少了或者是这些药水使昆虫中毒了。”谈到其他鸟类，这位观察家这样写道：“此外，鹟的数量也损失惨重。我们现在很难再找到蝇虎，而那些幼小却强壮的鹟似乎已经彻底灭绝了。两年来，我只看到两只鹟。对此，威斯康星州的其他捕鸟人也无不抱怨。曾经，我养了五六对北美红雀鸟，而现在一只也不剩了。之前，鹪鹩、知更鸟、猫声鸟和鸣枭每年都在我们花园里筑窝。而现在再也看不到它们的身影了。夏天的清晨再也听不到鸟儿的歌声。如今只剩下害鸟、鸽子、燕八哥和英格兰燕子。看到此情此景，我实在感到很难受。”

秋天的时候，人们会定期对榆树喷药。随后，这些毒物会渗透到树皮的缝隙中。鸟类数量因此骤减，其中包括山雀、五十雀、花雀、啄木鸟和褐啄木鸟。一九五七年冬天，华莱士教授发现，他家的饲鸟处已看不到山雀和五十雀了（多年来这是第一次）。后来，他发现了三只五十雀并对其展开研究。研究表明，其中一只五十雀正在榆树上啄食，另一只因滴滴涕中毒将要死去，而第三只已经死了。最后，在死去的五十雀里，他发现，组织内含有百万分之二百二十六滴滴涕。

在人们向昆虫喷药后，大量鸟类因其吃食习惯而遭受了严重的伤害。此外，人们在经济方面及其他不太明显的方面也蒙受了巨大的损失。例如，到了夏天，大量有害昆虫的卵、幼虫和成虫就成了五十雀和褐啄木鸟的主要食物。山雀也是“食肉动物”，其主要以各种昆虫为食。山雀的觅食方式在阿瑟·克利夫兰·本特描写北美鸟类的不朽著作《生命历史》中有所记载：“当山雀飞到树上时，它们会在树皮、细枝和树干上仔细搜寻食物（蜘蛛卵、茧或其他冬眠的昆虫）。”

在大多数情况下，鸟类对昆虫控制起着决定性作用。这一点已得到许多科学研究的证实。其中，啄木鸟就是恩格曼针枞树甲虫的主要控制者，它们使这种甲虫的数量由百分之五十五降到了百分之二，并对苹果园里的鳕蛾也起着重要的控制作用。山雀和其他鸟儿可以保护果园免受尺蠖之类的危害。

然而，大自然的“相互制约系统”已经遭到了严重的破坏——

人们大肆喷药，这不仅杀死了昆虫，也杀死了昆虫的天敌——鸟类。结果，当昆虫卷土重来时，却再也没有足够的鸟类制止昆虫数量的增长了。欧文·J·克洛米是密尔沃基公共博物馆的鸟类馆长，他在密尔沃基日报上写道："昆虫最大的敌人是那些捕食性的昆虫、鸟类和小哺乳动物。但是，滴滴涕却将这些'卫士们'无情地杀害了。在我们控制昆虫的同时，我们自己也在变成受害者。并且，这种控制只是暂时的，最终还是会走向失败——因为在这种控制下，昆虫最终还会卷土重来。到时候，我们该怎么控制这些昆虫呢？那个时候，榆树已被我们毁灭了，大自然的卫士（鸟类）也都消失了。这个时候，我们就只能眼睁睁地看着卷土重来的害虫蚕食我们新种下的小树苗。"

克洛米先生报告说："自从威斯康星州开始喷药以来，我们每天都会收到关于鸟类死亡的电话或信件。通过这些我们了解到，那些喷药区的鸟类几乎要灭绝了。"

对于克洛米的观点，美国中西部大部分研究中心的鸟类学家和观察家以及密歇根州鹤溪研究所、伊利诺伊州自然历史调查所和威斯康星大学的专家们都表示同意。在看过喷药区的读者来信后，我们不难发现：居民们不仅意识到了喷药的危害，而且比那些官员们（他们只负责命令人们喷药）更了解喷药的危害性及不合理性。一位来自密尔沃基的妇女写道："我真担心我们后院许多美丽的鸟儿都将死去。"听到这些消息，我们难免感到愤怒。然而，更可悲的是，这种"大屠杀"并未达到最初的目的——昆虫最后又卷土重来，而且是变本加厉。从长远的观点来看，这种"杀鸟护林"的行为实在太愚蠢——在大自然的有机体中，它们是相互依存的。我们在帮助大自然恢复平衡时，也应该保护大自然。

在其他的信件中，也有人表达了这样的观点：榆树虽然威严高大，但它并非印度“神牛”，因此，它不能作为我们毁灭其他生命的借口。来自威斯康星州的另一位妇女写道：“我一直很喜欢榆树，它们屹立在田野上，给人一种庄严的感觉。然而，我们还有许多其他种类的树，我们也必须拯救那些鸟儿。一个没有知更鸟歌声的春天该是多么黯然失色啊！”

那么，我们是选择保护鸟儿还是保护榆树呢？在一般人看来，二者只能选其一，他们也很乐意做出这样的选择。但实际上，问题并没有那么简单。我们不得不面对的是：如果我们继续这样喷药的话，最后，我们可能两者都会失去——如今，化学喷药正在杀死鸟儿，却又无法拯救榆树。人们希望通过喷药拯救榆树只是一个幻想，它正使一个又一个村庄的生态发展误入歧途，而最终，他们都不得不自食其果，为此付出惨痛的代价。十年来，康涅狄格州的格林尼治一直有规律地喷洒农药。然而一个干旱年头带来了特别有利于甲虫繁殖的条件，榆树的死亡率上升了十倍。在伊利诺伊州俄本那城（伊利诺伊州大学所在地），荷兰榆树病最早出现于一九五一年。一九五三年，人们喷洒了大量化学药物。截止一九五九年，人们已经喷洒了六年药水，但校园仍失去了百分之八十六的榆树，其中一半死于荷兰榆树病。

在俄亥俄州托莱多城，人们遇到了同样的情况。这使得林业部的管理人J·A·斯维尼对喷药采取了一种现实主义的态度。

一九五三年，当地人民开始喷洒药物并一直持续到一九五九年。斯维尼先生注意到，在进行“书本和权威们”推荐的喷药后，棉枫鳞癣反而愈发严重。于是，他决定亲自去检查喷药的结果，而结果却让他大吃一惊。他发现，在他们采取果断措施移植病树的地区，榆树病得到了有效控制；而在喷药区，榆树病却继续肆虐。在美国那些没有喷药的地区，榆树病蔓延的速度并没有像该城蔓延得如此迅速。这表明，化学药物毁灭了榆树病的所有天敌。斯维尼表示：“我们正在停止向荷兰榆树病喷药。但是，这使我和那些支持美国农业部主张的人发生了争执。不过，我手上有证据，我将使他们明白事实的真相。”

最近，这些中西部城镇才刚刚出现了榆树病，然而他们竟不假思索地就参与了喷药计划，这实在令人费解（因为他们完全可以先对遭遇过榆树病的地区进行调查，之后再做决定也并不迟）。实际上，在控制荷兰榆树病方面，纽约州就有十分丰富的经验。一九三〇年左右，带病的榆木由纽约港进入美国，这种疾病也随之传入。至今，纽约州还保存着有关制止和扑灭这种疾病的记载。然而，他们并没有选择喷洒药物的方式。事实上，该州的农业增设业务项目并没有推荐这种喷药控制方法。

那么，纽约州到底是使用的什么方法呢？从开始到现在，在保护榆树的斗争中，该州一直依靠严格的防卫措施——迅速转移和毁灭所有得病树或受感染的树木。最初，人们也遭遇了一些挫败——人们并没有意识到不仅要把病树毁掉，还应把甲虫可能产卵的榆树也毁掉。人们将受感染的榆树砍下并作为木柴贮放起来——只要在开春前不烧掉它们，里面就会产生许多带菌的甲虫。从四月末开始，这些成熟甲虫开始四处觅食，同时也向各处传播荷兰榆树病。后来，纽约州的昆虫学家们发现了这一点。随后，他们建议把这些危险的木材集中起来。这不仅能够使效果达到最佳，而且使防卫计划的费用降到了最低。一九五〇年，纽约市的荷兰榆树病发病率降低到百分之零点二（该城有五万五千棵榆树）。一九四二年，威斯切斯特郡发动了一场防卫运动。在其后的十四年里，平均只有百分之零点二的榆树遭受了损失。此外，水牛城（该城有十八万五千棵榆树）也开展了防卫工作。近年来，总计只有百分之零点三的榆树遭受了损失。以这样的速度计算，水牛城的榆树全部遭受损失需要三百年。

无独有偶，西西里马东部的锡拉丘兹也经历了“劫后余生”。在一九五七年之前，当地一直没有实行有效的控制计划。一九五一年至一九五六年期间，该地损失了将近三千棵榆树。后来，在纽约州林学院H·C·米勒的指导下，当地人民清除了所有病树和甲虫的一切可能来源。如今，每年只会损失百分之一的榆树。

在控制荷兰榆树病的同时，纽约州的专家们也强调了预防的经济性。纽约州农学院的J·G·玛瑟西说：“在大多数情况下，我们的成本是非常低廉的。面对已死或受伤的树枝，我们必须进行裁剪。如果是一堆干柴，那我们会在春天到来之前将它们用掉。我们会剥下树皮，或直接将这些木头贮存在干燥的地方。对于已死或将死的榆树来说，我们会毫不犹豫地将它们除去。这笔费用其实并不多。因为在其他地区，人们也会除掉死去的树。”

如果我们能够采取理智的措施，那么成功防治荷兰榆树病就指日可待。该病一旦在某个群落中稳定下来，就无法消灭了（至少在已知方法中，人们拿它没办法）。所以，我们只能采取防护的办法将它们遏制在一定范围内。当然，在森林发生学领域中，我们或许还能发现其他可能性。在该领域内，人们进行了大量实验，从而发现了杂种榆树，人们希望借此抵抗荷兰榆树病。欧洲榆树抵抗力很强，而在华盛顿哥伦比亚区，人们已种植了很多这种树。在其他地区的榆树都受到疾病影响时，这些欧洲榆树却安然无恙。对于那些正在失去大量榆树的村镇而言，他们必须赶紧移植树木。尽管该“移植计划”可能已把欧洲榆树包括在内，但我们也应该注意树种多样性。这样一来，如果将来再爆发某种疾病，至少移植区还能保存某些树木，而不至于“全军覆没”。这正如英国生态学家查理·爱尔登所言:“健康的植物或动物群落的关键就在于‘多样性’。”反观现在，我们面临的一切困境在很大程度上都是“生物种类单一化”的结果。甚至在数十年前，人们还不知道在大片土地上种植单一种类的树木会招来灾难。结果，所有城镇都只种植了成排的榆树，它们也曾美化了街道和公园。可如今，榆树死了，鸟儿也消失了。

和知更鸟一样，美国国家的象征——鹰也濒临灭绝。在过去的十年中，鹰的数量急剧减少。事实表明，在鹰的生活环境中，有某些因素已经破坏了鹰的繁殖能力。然而，人们目前还无法确定到底是什么因素。但是，有证据表明，杀虫剂难辞其咎。

沿着佛罗里达西海岸，人们可以在坦帕到梅耶堡海岸线上看到大量筑巢的鹰。长期以来，研究人员也在研究它们。查理·布罗勒是一位从温尼伯退休的银行家。在一九三九至一九四九年期间，他给一千多只小秃鹰作下了标记。因此，他在鸟类学方面荣获盛名。（在他之前，只有一百六十六只鹰被做过标记。）到了冬天，这些鹰都会离开它们的巢穴。而在此之前的几个月中，布罗勒先生给它们的幼鹰做了标记。后来，在对它们进行观察后，布罗勒先生发现，那些在佛罗里达出生的鹰沿海岸线向北飞入加拿大，远至爱德华王子岛。人们曾经一度认为这些鹰不会迁徙。秋天，它们又会返回南方。布罗勒先生选择在宾夕法尼亚州东部的霍克山顶（该处地形十分有利）观察它们的迁徙活动。

最开始的数年间，布罗勒先生在这段海岸带上每年都能发现近一百二十五个有鸟的鸟窝，而每年被标记的小鹰数约为一百五十只。一九四七年，幼鹰数量开始减少。并且，一些鸟窝里已经没有蛋了，而其他一些有蛋的窝里却没有小鸟孵出来。一九五二年至一九五七年，近百分之八十的窝都没有小鸟孵出。一九五七年，只有四十三个鸟窝中还住着鸟，其中七个窝里孵出了幼鹰；二十三个窝里有蛋，但孵不出小鹰；十三个窝只是大鹰觅食的歇脚地，而没有蛋。一九五八年，布罗勒先生沿海岸走了一百英里后才发现了一只小鹰，并给它做了标记。一九五七年，他还能在四十三个巢里看到大鹰。而如今已很难再看到了——他仅在十个巢里发现了大鹰。

不幸的是，布罗勒先生一九五九年去世了，这也使得这个有价值的系统观察不得不终止。但随后，佛罗里达州奥杜邦学会、新泽西州和宾夕法尼亚州有关部门写了一些报告，这些报告也证实了这一趋势——鹰已濒临灭绝。霍克山是宾夕法尼亚州东南部的一个美丽如画的山脊区。在该区域，阿巴拉契亚山的最东部山脊形成了阻挡西风吹向沿海平原的最后一道屏障。当风遇到山脉时便会斜着往上吹。所以，在秋天的许多日子里，此处气流持续上升，这使得阔翅鹰和鹫鹰不费吹灰之力就能飞越山顶，也使得它们在迁徙途中省下不少力气。霍克山区汇聚着很多山脊，这里也有一条“航道”——鸟儿们从广阔的区域飞来，随后通过这一航道飞向北方。

二十多年来，莫瑞斯·布朗所观察到并实际记录下来的鹰的数量超过任何一个美国人所做的记录。八月底和九月初是秃鹰迁徙的高潮期。人们普遍认为，这些鹰就是佛罗里达鹰（它们在北方度过夏天后就会重返家乡）。而到了深秋和初冬时节，有一些大鹰会飞经此处，随后飞向一个未知的地方度过冬天。人们认为，它们属于北方的另一个种类。在设立禁猎地区的最初几年里（一九三五年至一九三九年），在人们观察到的鹰中，有百分之四十已经一岁——从它们暗色的羽毛便可轻易判断。但在最近几年中，这些未成熟的鸟儿已十分罕见。一九五五年至一九五九年，这些幼鹰仅占鹰总数的百分之二十。一九五七年，每三十二只成年鹰里仅有一只幼鹰。

霍克山的观察结果与其他地方的观察结果是一致的。爱尔登·佛克斯是一位来自伊利诺伊州自然资源协会的官员，他写了一份类似的报告：“那些可能飞往北方筑巢的鹰选择在密西西比河以及伊利诺伊河过冬。”一九五八年，佛克斯先生写了一份报告。报告表明，在最近的一次统计中，五十九只鹰中仅有一只幼鹰。不久，萨斯奎哈纳河的蒙特·约翰逊（这是世界上唯一的鹰禁猎区）也出现了相似的情况。这个岛虽然距离康诺云格坝上游区仅八英里，离兰开斯特郡海岸也只有约半英里，但它仍保留着一种原始状态。从一九三四年开始，荷伯特·H·伯克教授（他是兰开斯特的一位鸟类学家，也是禁猎区的管理人）就一直对此处的一个鹰巢进行观察。一九三五年至一九四七年期间，这些鹰的情况相对稳定，并没有发生什么异常的情况。但是，从一九四七年起，虽然成年鹰占据了巢穴并且孵下了蛋，但却没有幼鹰出生。

蒙特·约翰逊岛上发生的情况与佛罗里达一样——某些成年鸟栖息在窝里，生下了一些蛋，但却几乎没有幼鸟孵出。据此，人们推测，由于某种环境因素，这些鹰的生殖能力受到了影响，结果，现在几乎没有幼鹰孵出，它们也无法繁衍后代了。

詹姆斯·德威特是美国鱼类及野生生物管理局著名的博士，此前，他进行了多种实验。实验表明，其他鸟类中也存在着同样的情况，而且还是人为造成的。关于杀虫剂对野鸡和鹌鹑的影响，德威特博士进行了一系列实验。这些实验验证了一个事实——在滴滴涕或其他化学药物对鸟类造成毒害之前，其很可能已经严重影响到了它们的生殖能力。鸟类受影响的途径可能不同，但最终的结果是一样的。例如，在喂食期间，人们尝试将滴滴涕加入到鹌鹑的食物中。鹌鹑仍然活着，甚至还正常地生出了许多蛋。但是，几乎没有蛋能孵出幼鸟。德威特博士说："在孕育的早期阶段，许多胚胎都发育得很正常，但在孵化阶段却都死去了。"其中，有一半以上在五天之内就死掉了。在对野鸡和鹌鹑进行实验后，人们发现，如果全年都用含有杀虫剂的食物来饲养它们，那么野鸡和鹌鹑将再也生不出蛋。加利福尼亚大学的罗伯特·路德博士和理查德·吉尼里博士也发现了同样的情况。他们报告说："当野鸡吃了含有狄氏剂的食物后，它们所孵出的蛋的数量明显减少了，小鸡的生存也成了一个问题。”显而易见，狄氏剂会贮存在蛋黄中，随后，在孵卵期以及幼鸟孵出之后，狄氏剂给它们带来了缓慢但足以致死的影响。

最近，华莱士博士和其学生R·F·伯纳德的最新研究结果进一步证实了这一看法。在密歇根州立大学校园里的知更鸟体内，他们发现了大量滴滴涕。在所检验的所有雄性知更鸟的睾丸里，蛋囊里，雌鸟的卵巢里，在已发育好但尚未生出的蛋里，在输卵管里，在被遗弃的窝里取出的尚未孵出的蛋里，在这些蛋内的胚胎里，在刚刚孵出但已死了的雏鸟里，他们都发现了这种毒物。

这些重要的研究证实了这样一个事实——即便使生物脱离与杀虫剂的初期接触，其毒性也会影响下一代。实际上，贮存在蛋里的毒物才是致死的真正原因。这也正是德威特看到大量鸟儿死在蛋中或是孵出后几天内就死去的原因。

然而，当人们将这些研究实验应用到对鹰的研究时，人们遇到了很多棘手的问题。尽管如此，人们依然在佛罗里达州、新泽西州以及其他地方进行野外研究，因为这些地方的人很想找出导致鹰绝育的确切原因。根据人们的初步判断，杀虫剂难辞其咎。在鱼很多的地方，鱼自然就成了鹰的主要食物（在阿拉斯加，鱼在鹰的食物比例中占百分之六十五，而在切沙皮克湾地区约占百分之五十二）毫无疑问，在布罗勒先生长期研究的那些鹰中，绝大多数都以鱼为主食。一九四五年以来，人们一直在这个特定的沿海地区反复喷洒大量溶于柴油的滴滴涕。他们喷洒的目的是想消灭盐沼中的蚊子，这种蚊子生长在沼泽地和沿海地区，而这些地方正是鹰猎食的主要地区。大量的鱼和蟹都被杀死了。实验人员分析后发现，它们的组织中含有百万分之四十六滴滴涕残毒。就像清水湖中的鸊鷉一样（它们吃了湖里的鱼后，体内便蓄积了大量杀虫剂残毒），这些鹰的体内组织中也贮存了滴滴涕残毒。此外，如同鸊鷉一样，野鸡、鹌鹑和知更鸟也面临着绝育的危险。

如今，世界各地已有不少人都意识到了鸟类面临的危险，也有很多人对此做了大量报告。这些报告虽然在细节上有所不同，但中心内容都是关于"人们使用农药导致了野生物的死亡"。例如，在法国，当人们用含砷的除草剂处理葡萄树残枝之后，几百只小鸟和鹧鸪都中毒死去了。在比利时（曾一度以鸟类众多而闻名），在人们对农场喷洒药物后，鹧鸪也深受其害。

在英国，情况就稍微有些不同了——在播种前，人们用杀虫剂处理了种子。这本身并非什么新鲜事，不过人们最初使用的主要药物是杀菌剂。长期以来，人们也没有发现这对鸟儿有任何影响。然而，一九五六年，除了使用传统的杀菌剂之外，人们开始使用各种新式杀虫剂用——狄氏剂、艾氏剂或七氯。结果，情况变得越来越糟糕。

一九六〇年春天，负责管理英国野生生物的有关部门，其中包括英国鸟类联合公司、皇家鸟类保护学会和猎鸟协会，收到了大量关于鸟类死亡的报告。一位来自诺福克的农夫写道："这个地方就像一个战场，尸横片野，其中甚至还有许多小鸟——苍头燕雀、绿莺雀、红雀、篱雀，以及家雀。这种毁灭让人感到心寒。"一位猎场管理人写道："人们用药物处理谷物，而这些谷物却消灭了我所有的松鸡。有一种野鸡和其他鸟类，共计几百只鸟儿全被杀死了。我看守猎场已多年，如今看到这幅画面，我感到十分痛心。”

在一份联合报告中，英国鸟类联合公司和皇家鸟类保护学会描述了六十七例有关鸟儿被害的情况：实际上，这一数字远远不是一九六〇年春天死之鸟儿的统计数字的全部。在此六十七例中，五十九例是因为吃了用药处理过的种子，而另外八例则是死于人们喷洒的毒药。

第二年，人们对毒剂的使用达到了新高潮。众议院接到一份这样的报告：“诺福克某地区死了六百只鸟儿，北易赛克斯某农场死了一百只野鸡。”与一九六〇年相比，有更多的郡县已被卷进来了。（一九六〇年是二十三郡，一九六一年是三十四郡。）其中，以农业为主的林克兰舍郡受害最严重——当地死了一万只鸟儿。然而，从北部的安格斯到南部的康沃尔，从西部的安哥拉斯到东部的诺福克，整个英格兰农业区都笼罩着毁灭的阴影。

一九六一年春天，越来越多人开始关注该问题，这使得众议院的特别委员会开始对该问题进行调查。他们要求农夫、土地所有人、农业部代表以及各种与野生生命有关的政府和非政府机构出庭作证。

一位目击者说：“鸽子突然从天上掉下来，死了。”另一个人报告说：“在伦敦市外行驶一二百英里后，我仍然看不到一只茶隼。”自然保护局的官员们作证：“在二十一世纪或在我所知道的任何时期从来没有发生过类似的情况，这是该地区有史以来对野生生物和野鸟造成的最大规模的危害。”

然而，人们在对这些死鸟进行化学分析时发现，所需的实验设备严重不足。在当地农村，只有两个化学家能够进行这种分析（一位是政府的化学家，另一位在皇家鸟类保护学会工作）。目击者描述了焚烧鸟儿尸体的情景。人们尽力收集鸟儿的尸体，随后对其进行检验。分析结果表明，所有鸟儿都含有农药的残毒（除了一只沙鹬鸟，因为它们不吃种子。）

此外，狐狸也受到了影响（它们可能吃了有毒的老鼠或鸟儿）。长期以来，英国饱受兔子的困扰。所以，英国非常需要狐狸来捕食兔子。但是，在一九五九年十一月到一九六〇年四月期间，当地至少死了一千三百只狐狸。在那些捕雀鹰、茶隼及其他被捕食的鸟儿消失的县郡里，狐狸的死亡数量是最多的。这表明毒物会通过食物链传播——毒物由吃种子的动物传到食肉动物体内。在惊厥而死之前，这些狐狸神志不清、眼神飘忽不定，气息奄奄——这是因氯化烃中毒的典型症状。

这一切使得该委员会确信这种威胁非同小可。因此，该委员会对众议院做出如下建议：要求农业部长和苏格兰州秘书采取相应措施，保证立即停止使用含有狄氏剂、艾氏剂、七氯或其他有毒化学物质处理种子。同时，该委员会也推荐了许多控制方法，这样一来，在化学药物进入市场之前，人们能够对其进行充分的野外及实验室试验——实际上，在所有有关杀虫剂的研究中，这是一个空白。人们对普通实验动物——老鼠、狗、豚鼠等进行实验时忽略了一点：其中并不包括野生种类（此时，人们一般不研究鸟和鱼）。并且，这些试验是在人为控制条件下进行的。当人们把这些试验结果应用在野生生物身上时，情况可能大不一样——过程或结果绝不可能万无一失。

此前，已有很多国家因为处理种子而引发了“鸟类保护问题”。在加利福尼亚及南方水稻种植区，该问题长期困扰着人们。多年以来，为了消灭蝌蚪虾和羌螂甲虫（它们会损害稻谷），加利福尼亚水稻种植者们一直用滴滴涕来处理种子。曾经，加利福尼亚的猎人们常为他们辉煌的“猎绩”而欢欣鼓舞，因为他们经常能在稻田里猎到大量水鸟和野鸡。但是在过去的十年中，水稻种植区频频传来关于鸟儿死去的报告，特别是关于野鸡、鸭子和燕八哥死亡的报告。“野鸡病”已肆虐当地多年。一位观察家报道：“这种鸟儿到处找水喝，但后来它们突然变瘫痪了。我们发现，它们在水沟旁和稻田梗上颤抖着。”这种“野鸡病”常发生在春天（此时正是播种的季节）。而人们所使用的滴滴涕浓度足以杀死成年野鸡，甚至绰绰有余。

近年来，人们发明了毒性更强的杀虫剂，这对当地环境而言简直是雪上加霜。对野鸡而言，艾氏剂的毒性相当于滴滴涕的一百倍。如今，很多人都会把它拌在种子里。在得克萨斯州东部水稻种植区，这种做法已使树鸭（一种沿墨西哥湾海岸分布的野鸭，它们的长相酷似鹅）的数量大量减少。曾经，那些水稻种植者们的行为已使燕八哥的数量大为减少；如今，他们又将使水稻种植区的各种鸟类面临灭顶之灾。

如此一来，当人们看到那些不中意的动物时便一心想要“铲除”，结果，各种鸟类就变成了“目标群体”，而等待它们的则是各种毒剂的毒害。为了防止鸟儿集中在一起，农夫们不断喷洒大量致死性毒物（如对硫磷）。最近，鱼类和野生生物服务处开始关注该问题，其指出："这些对硫磷已对人类、家畜和野生生物构成了致命危害。"在印第安纳州南部，一群农夫在一九五九年夏天聘请了一架喷药飞机在河岸地区喷洒对硫磷——该地区是数千只燕八哥的栖息地，它们会在庄稼地附近觅食。实际上，人们只要稍微改变一下农田操作的某些流程就能轻易解决该问题——把播种的谷物换成芒长的麦种，这样，鸟儿就不会再接近它们。但是，那些农夫们却选择相信毒物，他们请来了喷药飞机来消灭这些鸟儿。

最终，这些农夫们对结果心满意足——因为已有约六万五千只红翅八哥和燕八哥因人们喷洒的药物而死。此外，还有很多野生生物也死于非命，至于其他那些未注意到的、未报道的野生生物死之情况如何，就无人知晓了。对于很多动物而言，对硫磷都可能致死。那些偶然来到此处的野兔、浣熊或袋鼠，也许它们根本就没有侵害这些农夫的庄稼地，但它们却被人们无情地杀害。人们甚至都不知道它们的存在，也就谈不上关心它们的死活了。

那么，面对这些药物，人类是否安然无恙呢？在加利福尼亚的某个果园里（人们在该果园内喷洒了对硫磷），一些工人们（一个月前，他们接触过喷了药的叶丛）病倒了，而且病情很严重。不过，由于得到了精心医护，他们最后死里逃生。那么，印第安纳州是否也有喜欢探险的孩子呢？如果有，那是否有人守护着他们并使其免受毒物的危害呢？又是否有人告诉他们这些田地是致命的呢？——这些田地里的蔬菜含有大量化学药物残毒。然而，没有任何人干涉这些农夫——他们冒着巨大的危险，对燕八哥发动了一场毫无必要的战争。

我们是否认真思考过这样一些问题：是谁做了这个喷药的决定呢？它给整个自然界以及人类社会带来了如此巨大的危害，还产生了一系列连锁反应，而且这种毒害效应正在不断地扩散。是谁消灭了成片树林，也让数以千计的鸟类遭遇灭顶之灾？又是谁在未获得百姓同意的情况下决定消灭世间所有的昆虫，而全然不顾这是否会对鸟类造成不利影响？这完全是独裁主义者的作风——他在做出这些决定的同时，完全不顾黎民百姓的感受和利益。对于千百万百姓而言，大自然的美丽和秩序具有深刻的意义，这种意义必不可少。

## 第九节　死亡之河

大西洋深处有许多小路，它们通向海岸，是鱼类遨游的小径。这些小路看不见，摸不着，它们是由陆地河流的水体流动所创造的。数千年来，鲑鱼已经熟悉了这些路线，并能沿着这些路线返回河流。最初，鲑鱼们在那些小支流里度过了它们的“童年时光”；最后，它们会回到此处“安享晚年”，并繁衍后代。一九五三年的夏秋季节，新布鲁斯维克的人们发现，被称为“米拉米奇”的河鲑从大西洋回到了它们的故乡河流。它们所到之处是有许多由绿荫掩映的溪流组成的河网。到了秋天，鲑鱼会将卵产在河床的沙砾上，流经河床的溪水轻柔而又清凉。此地有一个巨大的针叶林区，林区内到处都是云杉、凤仙、铁杉和松树。这个地方为鲑鱼提供了合适的产卵地，对它们繁衍后代也很有帮助。

长期以来，鲑鱼们一直遵循着这样的生活模式。在美国北部，有一条叫作“米拉米奇”河流，此处一直出产最好的鲑鱼。但是到了一九五三年，一切都发生了变化。

到了秋冬季节，鲑鱼将硕大且带有硬壳的卵产在满是沙砾的浅槽中，这些浅槽是母鱼在河底挖好的。到了寒冷的冬天，鱼卵发育缓慢。通常情况下，只有到了春天，等小溪上的冰完全融化后，小鱼才会孵化出来。最初，它们藏身于河底的沙石间。小鱼只有半英寸长，它们不吃东西，只靠一个大蛋白囊延续生命。直到这个蛋白囊被消耗完后，小鱼们才开始到溪流中去觅食，它们主要以小昆虫为食。

一九五四年春天，小鱼孵出来了。米拉米奇河中既有一两岁的鲑鱼，也有刚孵出的幼鱼。这些小鱼长得十分耀眼，身上像是装饰了红色斑点一般。此时，它们不断搜寻着溪水中的各种昆虫。

到了夏天，这一切都开始发生变化。就在去年，一个喷药计划将米拉米奇河西北部流域也包括在内。如今，加拿大政府实行这个计划已有一年了。其目的是确保森林免受云杉蚜虫之害，这种蚜虫是一种本地昆虫，它们会侵害多种常绿树木。在加拿大东部，每隔三十五年，这种昆虫的数量就会增加好几倍。五十年代初，这种蚜虫的数量已达到高峰。为了消灭它们，人们开始喷洒滴滴涕。最初，人们只是在小范围内喷洒。到了一九五三年，这个范围突然扩大——为了挽救凤仙树（纸浆和造纸工业的原料），人们不再局限于向几千英亩森林中喷药，而是向几百万英亩森林中喷洒药物。

于是，到了一九五四年六月，人们在米拉米奇西北部的林区喷洒了药水。每一英亩的森林面积中，人们会喷洒半磅溶解于油中的滴滴涕。这些药水洒落在凤仙森林中，有一些甚至飘落在溪流中。飞行员们一心只想着完成任务，并未考虑如何避免把药水喷洒在河流上。实际上，即使出现微弱的气流，这些药水也会随之飘浮很远。

所以，即使飞行员注意到了这个问题，恐怕也于事无补。

在喷洒药水后不久，人们就为此付出了不小的代价。两天内，河流沿岸遍布着已死的和垂死的鱼，其中包括许多幼鲑鱼。鳟鱼也难逃其害。在道路两旁和树林中，人们还发现了死去的鸟儿。河流中的一切生物都遭受了灭顶之灾。在喷药之前，河流里有各种水生生物，它们为鲑鱼和鳟鱼提供了食物。其中有飞蛴螬的幼虫，它们居住在一个"保护体"中，里面由树叶、草梗和沙砾组成，既松散又舒适；还有飞石虫蛹，在涡流中，它们会紧贴着岩石；以及飞虫幼蠕，它们分布在沟底石头边或溪流由陡峭的斜石上落下来的地方。如今，滴滴涕杀死了小河中所有的昆虫。幼鲑已无食可觅了。

在这样一个环境中，死亡和毁灭的阴影笼罩着所有生物。幼鲑也在劫难逃。到了八月，河床沙砾上已见不到幼鲑的身影。幸运的是，一岁以上的小鲑鱼只受到了轻微的伤害。在喷洒过药水的小河中，一九五三年孵出的鲑鱼只剩下六分之一。而一九五二年孵出的鲑鱼几乎全部入海，留下来的数量就更少了。

一九五〇年以来，加拿大渔业研究会一直在研究米拉米奇西北部的鲑鱼。正因如此，这里发生的一切才为世人所知。每年，它们都会统计该河中鱼类的数量。生物学家记录了当时河流中可产卵的成年鱼数量、各种年龄段的幼鱼数量、鲑鱼和其他居住在此河中的鱼类数量。正是因为这一完整记录，人们才能够如此精确地测定喷药所造成的损失。

此次考察不仅查清了幼鱼受损的情况，而且，人们还发现了这条河流本身发生的剧烈变化。人们反复地喷药已彻底改变了河流环境。作为鲑鱼和鳟鱼食料的水生昆虫也被杀死了。想要使它们的数量恢复到足以“养活”鲑鱼，我们恐怕得等好多年，而并非几个月。即使是单独喷药后，恢复的时间也需要很久；何况人们喷药的频率如此之高。

蚊蚋、黑飞虫是鲑鱼苗的最佳食料，它们的数量恢复起来就要更快一些。蛴螬、硬壳虫和五月金龟子的幼虫是稍大些的鲑鱼（两三岁）的最佳食料；但是，它们的数量恢复起来则需要更久的时间。即使在滴滴涕污染河流一年后，幼鲑只是偶尔能找到一些小硬壳虫。此外，它们几乎已经“断粮”了。为了增加这种天然食料，加拿大人试图将蛴螬幼虫和其他昆虫引入米拉米奇。但是，当人们再次喷药后，这些努力再次付诸东流。

更糟糕的是：树蚜虫的数量非但没有减少，其抵抗力也变得更强了。一九五五年到一九五七年，人们在新布鲁斯维克和魁北克各处多次喷药，有些地区喷药的次数甚至达到了三次以上。一九五七年，人们已在约一千五百万英亩的土地上喷洒了药水。人们停止喷药后，蚜虫迅速繁殖——一九六〇年至一九六一年，它们已泛滥成灾。为了挽救即将凋零的树木，人们选择了化学喷药，这种做法只是权宜之计，然而几乎所有人都觉得这是理所应当的。于是，人们喷药的频率越来越高，其副作用也日益显露。为了最大限度地降低滴滴涕对鱼类造成的危害，加拿大林业局表示：为了尽量符合渔业研究会规定的标准，滴滴涕的施放量由从前的每英亩零点五磅降低到零点二五磅（美国仍未改变每英亩的施用标准）。数年来，加拿大人对喷药的效果进行了观察，他们发现，喷药在带来好处的同时，也引起了很多意料之外的麻烦。后来，他们还是决定继续喷药。对于从事鲑鱼业的人而言，喷药导致的一些后果让他们倍感无奈。

此前，米拉米奇西北部发生了一系列事件，这使得该地摆脱了灭亡的命运。对于已经发生的事情，不管是好是坏，如今都已不再重要。而寻找其背后的原因才显得更为重要。

众所周知，一九五四年，人们在米拉米奇流域内喷洒了大量药水。此后，一直到一九五六年，人们除了在当地一个狭窄地带再次喷药外，再也没有向该流域喷药了。一九五四年秋天，一场热带风暴改变了米拉米奇鲑鱼的命运。艾德纳飓风一路北上，最终，新英格兰和加拿大海岸连日倾盆大雨。随后，河流淡水流入大海，这引来了很多鲑鱼。最终，河流的沙砾河床上——鲑鱼的产卵地出现了大量鱼卵。一九五五年春天，在米拉米奇西北部孵出的幼鲑鱼发现该地环境很适合它们生存——当滴滴涕杀死河中全部昆虫一年后，蚊蚋和黑飞虫的数量得到了恢复，这就为幼鲑提供了丰富的食料。这一年出生的幼鲑不仅发现了大量食物，而且几乎没有什么竞争者——稍大一些的鲑鱼已死于一九五四年喷洒的药水。因此，这些幼鲑长得特别快，而且数量多得出奇。它们很快地成长起来，并很早进入了大海。一九五九年，它们中的大部分又返回河流，并在"故乡"产下大量幼鲑。

米拉米奇西北部的幼蛙数量之所以增加（这简直是不幸中的万幸）是因为人们在此处喷药的时间较短（只喷了一年药）。在该流域的其他河流中，人们常年反复喷药，由此带来的恶果已日益凸显——这些地方的鲑鱼数量急剧减少。

在所有喷过药的河流里，各种大小的幼鲑都深受其害，其数量也都明显减少了。生物学家表示："实际上，最年幼的鲑鱼已被彻底消灭。"一九五六至一九五七年，人们在米拉米奇西南部所有地区都喷了药。从近十年的情况来看，一九五九年孵出的小鱼数量最少。对此，渔夫们也议论纷纷。在米拉米奇江口的样品采集处，研究者发现，一九五九年的幼鲑数量仅相当于的四分之一。一九五九年，整个米拉米奇流域的鲑鱼产量仅为六十万条，而且都是两三岁的幼鲑（这些都是正迁移入海的年轻鲑鱼），此数量比前三年的产量减少了三分之一。

如此看来，新布鲁斯维克鲑渔业只能指望人们将来能够发明一种能代替滴滴涕的东西来拯救了。

与此相比，加拿大东部的情况也大同小异，唯一与众不同的就是当地喷药的森林面积大，人们已采集到的第一手资料更多。缅因州也有大量云杉和成片的凤仙林，因此也面临着控制森林昆虫的问题，并且面临着鲑鱼洄游的问题（虽然洄游的鲑鱼数量已大为减少）。如今，河流受到工业污染和木材淤塞。因此，只有生物学家和动物保护者们才能够保证剩余鲑鱼们的安全了。长期以来，人们一直用化学药物来对付蚜虫，所以不断地喷洒药水，这造成了很大的破坏。如今，这些行为影响的范围已相对缩小，鲑鱼产卵地甚至都已幸免于难。不过，在对某区域河鱼观察时，缅因州内陆渔猎部发现了一些异样。他们认为，这或许是某种预兆。

该部报告：一九五八年喷洒药物以后，人们在大戈达德河中发现了大量濒死的鲤鱼。这些鱼表现出因滴滴涕中毒的典型症状，它们游动的姿势十分古怪，经常露出水面，时而痉挛。在喷药后的五天里，人们在两个河段的渔网里发现了六百六十八条死鲤鱼。在小戈达德河、卡利河、阿德河和布勒克河中，人们也发现大量的鲦鱼和亚口鱼因中毒而死。人们经常能够看到虚弱、濒死的鱼顺流而下。有时，在喷药后仅一周，人们就能发现垂死的鳟鱼顺流而下。

研究发现，滴滴涕会使鱼失明。对此，很多研究报告都有所提及。一九五七年，一位生物学家（其一直在温哥华岛北部观察喷药的影响）发表报告称，“当初，鳟鱼是何等的凶猛；如今，我们可以轻易地在河流中抓到它们——它们现在变得十分呆滞，甚至不知道逃跑。”研究表明，它们的眼睛上有一层不透明的白膜，这使它们的视力减弱甚至完全丧失。此前，加拿大渔业部进行了相关实验，结果表明，在低浓度的滴滴涕（百万分之三）环境中，几乎所有银鲑都能够大难不死，但是会出现一种失明症，其突出表现为眼水晶体浑浊。

只要是在森林成片的地方，人们控制昆虫的同时都会威胁到树荫下的溪流，因为此处是各种鱼类的家园。一九五五年，美国发生了一起“鱼类惨剧”——那是人们在黄石国家公园及其附近施用农药的结果。那年秋天，人们在黄石河中发现了大量死鱼，这震惊了蒙大拿渔猎管理处以及许多钓鱼爱好者。人们喷药后，此处约九十英里河流受到影响。人们在某段河岸（仅三百公尺的距离）就发现了六百条死鱼，包括褐鳟、白鱼和亚口鱼，其中还包括鳟鱼的天然饵料。

林业服务处称，他们在每一英亩范围内施放一磅滴滴涕，这符合“安全标准”。然而，结果表明，这个所谓的“安全标准”并不安全。一九五六年，研究者们开始了一项协作研究，该研究由蒙大拿渔猎局及两个联邦办事处——鱼类和野生生物服务处、森林服务处——共同参加。同年，人们在蒙大拿对九十万英亩的土地喷药，一九五七年又处理了八十万英亩的土地。这些都可以作为生物学家们的研究场所。

大量鱼惨死的景象令人触目惊心：森林中弥漫着滴滴涕的气味，水面上漂浮着油膜，河流两岸都是死去的鳟鱼。他们对所有的鱼（不论死活）都做了分析。结果表明，它们的组织中都含有滴滴涕。在加拿大东部，喷药使得有机食料急剧减少。在许多研究区内，水生昆虫和其他河底动物种群的数量已减少到正常数量的十分之一。水生昆虫（鳟鱼赖以生存的食物）一旦遭到毁灭后，其恢复数量需很长时间。即使在喷药后的第二个夏天，水生昆虫也并不多见。此前，有些河流栖息着众多动物；如今，这些地方死寂沉沉，鱼的数量也减少了百分之八十。

当然，鱼并不会马上死去。实际上，延缓死亡比立即死亡的情况更加可怕。蒙大拿的生物学家们发现，由于延缓死亡发生在捕鱼季节之后，人们可能无法报道鱼的死亡情况。在他们所研究的河流中，大量产卵鱼会在秋天死去，其中包括褐鳟、河鳟和白鱼。这种情况不足为奇，因为对生物来说——不论是鱼还是人，在其生理高潮期，它们要积蓄脂肪作为能量来源。由此，我们能够发现，贮存于脂肪组织中的滴滴涕最终使鱼丧命。

显而易见，以每英亩一磅滴滴涕的比例喷药将给林间河流中的鱼类造成严重威胁。更讽刺的是，人们一直没有实现控制蚜虫的目的，而许多地方的人们却想要继续喷药。对此，蒙大拿渔猎局表示强烈反对。该部门表示，不愿为了喷药计划继续危害渔场资源；而且，这些计划的必要性和有效性令人怀疑。该局宣布，无论如何都要联合森林服务中心以寻找副作用最小的途径。不过，此次合作真的能成功拯救鱼类吗？对此，不列颠哥伦比亚有发言权。此处的黑头蚜虫大量繁殖并已猖獗多年。当地森林管理处担心季节性树叶脱落将可能导致大量树木死亡。于是，该处决定于一九五七年执行“蚜虫控制计划”。对此，该处与渔猎局商量多次，但渔猎局的管理处更关心鲑鱼的洄游问题。最终，林业部已同意修改这一喷药计划，并采用各种可能办法消除其不良影响，以减少对鱼类造成的威胁。

虽然人们采取了这些预防措施，并且取得了一些成效，但是到了最后，四条河流中的鲑鱼几乎全部未能幸免。

其中的一条河里有四万条洄游的成年银鲑鱼，其中的“年轻者”几乎全部惨遭农药杀害。数千条年轻的钢头鳟鱼和其他鳟鱼的命运也是如此。银鲑鱼的生活有三个循环周期，而参加洄游的鱼几乎全都属于同一个年龄段。和其他类属的鲑鱼一样，银鲑的“洄游能力”很强，这使它们能回到自己出生的河流。不同河里的鲑鱼不会乱窜——它们只会沿着自己的轨迹回到自己的“故乡”。通过人工繁殖或其他办法，管理部门能够帮助其洄游。即便如此，鲑鱼也要每隔三年才能洄游入河。

想要既保护森林又保护鱼类，我们必须想出一个“万全之策”。我们绝不愿放任河流都变成“死亡之河”，因为这是绝望和失败的结局。在利用已知方法的基础上，我们必须发掘新方法。有资料记载，寄生性生物能够消灭蚜虫，其控制效果优于喷洒的药物。我们可以广泛应用这一自然控制方法。我们也可以利用毒性低的农药。当然，更好的办法是引进微生物，这些微生物将在蚜虫中引发疾病，但不会影响整个森林生物的平衡。我们将在之后的内容中谈到这些方法以及它们的要求。现在我们应该认识到，喷洒化学药物既不是唯一的办法，也不是最好的办法。

研究发现，有三类杀虫剂会给鱼类带来威胁。如上所述，其中一种杀虫剂对喷药林区造成了一些困扰。它们已影响到北部森林中洄游的鱼——这完全是滴滴涕造成的。另一种杀虫剂正被大多数人所使用，它们的副作用会扩散。并且，它们会影响到各种鱼，如鲈、翻车鱼、刺盖太亚口鱼等。这些鱼常见于美国各地的各种水体中。如今，我们在农业上使用的所有杀虫药几乎都属于这类杀虫剂。但是，我们只能检验出异狄氏剂、毒杀芬、狄氏剂、七氯等毒性较强的药物。我们必须意识到，对于未来将要发生的事情，我们的预测是否能够合乎逻辑？对此，我们的研究工作才刚刚开始，这一切都和盐沼（盐化沼泽）、海湾以及鱼类的未来密切相关。

如今，越来越多的人正在使用各种新型有机杀虫剂，这将给鱼类世界带来严重的危害。而且，大部分的杀虫剂都是由氯化烃组成的（鱼类对氯化烃异常敏感）。当几百万吨化学毒剂被喷洒到大地表面时，有些毒物会以各种方式进入陆地和海洋间无休止的水循环之中。

如今，各地都在报道鱼类惨遭人类毒手的事件。为了确定水污染的指标，美国公共卫生部不得不派专人到各州去收集此类报告。

这个问题关系到广大民众的切身利益。美国有将近二千五百万专业钓鱼爱好者，他们把钓鱼看作是主要的娱乐休闲活动。此外，至少有一千五百万是不定期钓鱼爱好者。这些人每年在执照、滑车、小船、野营装备、汽油和住处方面要花费三十亿美元。另外一些使人们失去钓鱼场地的问题也同样影响到大量经济利益。以渔业为生的人们把鱼看作一种重要的食物来源，这是一种更重要的利益。内陆和沿海渔民（包括海上捕鱼者）每年至少能捕获三十亿磅鱼。然而，杀虫剂在污染小溪、池塘、江河和海湾的同时，也给业余或专业的捕鱼活动带来了威胁。

人们在给农作物喷洒药水或药粉的同时，大量鱼类因此而遭受了灭顶之灾。这样的例子不胜枚举。在加利福尼亚州，人们试图用狄氏剂控制某种稻叶害虫，这使得他们损失了近六万条可供捕捞的鱼，其中情况最严重的主要是蓝鲸鱼和翻车鱼。在路易斯安那州，由于人们在甘蔗田中施用了异狄氏剂，仅一九六一年一年中，就有二十多起大量鱼死亡的事例。在宾夕法尼亚州，为了消灭果园中的老鼠，人们喷洒了大量异狄氏剂，而大量的鱼也深受其害。在西部高原，人们用氯丹控制草跳蚤，这也导致了许多溪里的鱼儿死亡。

在美国南部，为了控制某种火蚁，人们在几百万英亩的土地上喷洒了大量农药。这些农药中，大部分是七氯，它对鱼类的毒性稍弱于滴滴涕。狄氏剂也能毒死火蚁，但它会对所有水生生物产生危害。仅仅异狄氏剂和毒杀芬就已给鱼类造成了极大的危险。

在对火蚁进行控制时，人们使用了七氯或狄氏剂，它们都给水生生物带来了灾难性影响。得克萨斯州报道称，“为了保护运河，我们给水生生物带来了巨大的危害，它们因此损失惨重”，“在所有处理过的水域中，我们都发现了死鱼”，“鱼死亡严重，并且持续了三周”；亚拉巴马州报道称：“在喷药后的几天内，（维尔克斯县的）大部分成年鱼都被杀死了。并且，小支流中的鱼类已全部灭绝。”

在路易斯安那州，各处的农场损失惨重。对此，农场主们怨声载道。在一条运河上，人们在不到四分之一英里的距离内就发现了至少五百条死鱼，它们漂浮在水面上或死在了河岸边。在另一个教区里，人们发现了一百五十条翻车鱼的尸体，这是原有数量的四分之一。此处其他五种鱼类已完全被消灭了。

在佛罗里达州，人们对喷药地区池塘中的鱼进行了分析，分析结果表明，它们体内含有七氯残毒和氧化七氯（一种次生的化学物质）。这些鱼包括翻车鱼和鲈鱼——这些都是钓鱼者们的最爱，它们也是人们在餐桌上的最爱。食品与药物管理局表示，这些鱼体内含有的这些化学物质十分危险，人类误食后，只需短短几分钟就会造成很大的危害。还有一些地区报告称，这些药物杀死了很多鱼、青蛙和其他水中生物。因此，一九五八年，美国鱼类学家和爬行类学家协会（这个科学组织很有权威性，专门研究鱼、爬虫和两栖动物，）通过了一项决议，它呼吁农业部及其在各州的办事处“在造成不可挽回的损害之前，应立即停止大范围喷洒七氯、狄氏剂及此类毒剂”。该协会还提出，要时刻关注美国东南部的各种鱼类和其他生物，包括那些在世界其他地方未曾出现过的种类。并且，该协会还警告：“在这些动物中，有许多种类生活的区域很小，因此，人类无节制地喷药可能很快就会将它们彻底消灭。”

为了消灭棉花昆虫，人们也喷洒了大量杀虫剂。这给南部各州的鱼类带来了巨大的危害。一九五〇年夏季，亚拉巴马州北部产棉区遭遇了虫灾。此前，为了控制象鼻虫，人们一直在使用有机杀虫剂，但十分节制。后来，一连几个冬天都很暖和，到了一九五〇年，该地出现了大量象鼻虫。因此，在卖药商人的怂恿下，约百分之八十到百分之九十五的农民开始使用杀虫剂。其中，最常见的就是毒杀芬，其对鱼类的杀伤力最强。

这一年夏天，雨水丰沛，降雨集中。雨水将这些化学药物冲进了河里。而农民为补偿这一流失就更多地向田地里撒药。在这一年中，在每英亩农田里，人们喷洒了约六十三磅毒杀芬。有些农夫竟在一英亩地里施用两百磅毒杀芬！甚至，有一个农夫在一英亩地里施了至少四分之一吨杀虫剂！

其结果是可以想见的。在流入惠勒水库之前，富林特河流经亚拉巴马州农作地区，该地区河流约五十英里。八月一日，富林特河流域迎来了倾盆大雨。这些雨水最终汇入河流中。富林特河的河水上涨了六英寸。次日清晨，除了雨水之外，人们还能发现许多别的东西出现在河中——鱼在附近水面上成群地浮游。有时，甚至有些鱼会从水里向岸边跳。此时，人们可以很容易地捕捉到它们。后来，有个农夫捡了很多鱼，并把它们放进了水池（泉水是其水源）中。水池中的水十分清洁，一些鱼陆续苏醒过来。而在河流中，每天都有死鱼顺流而下。不过，这只是个开始而已——后来每次下雨，雨水都会将更多的杀虫剂冲入河流中，而更多的鱼会因此而死去。八月十日，当地再次降雨。这一次，整个河流中的鱼几乎“全军覆没”。八月十五日，当地再次迎来降雨。这一次，河中倒是没什么死鱼了——因为河里的鱼都死光了！后来，人们做了这样一个实验：实验人员将金鱼放在鱼笼中，再把鱼笼放在这些河流里。不到一天，这些金鱼全都死了。因此，实验人员得出结论：这种化学物质能毒杀鱼类。

在富林特河里遭受浩劫的鱼类中，我们可以发现大量白刺盖太阳鱼——这是钓鱼者们的最爱。而在惠勒湾（富林特河河水会流经此处）里，我们也发现了大量死去的鲈鱼和翻车鱼。此外，鲤鱼、野牛鱼、鼓鱼、砂囊鲥和鲶鱼等也都被消灭了。但是，没有任何鱼表现出任何疾病的症状，它们只表现出将死时才有的反常行为。另外，它们的鳃上出现了奇怪的颜色——如葡萄酒一般的深紫色。

在农场水塘附近使用杀虫剂很可能导致水塘里的鱼死亡。众所周知，雨水会将毒物带到河里。有时，这些鱼塘不仅仅会因为雨水的冲刷而遭到污染；当给农田喷药的飞行员飞到鱼塘上空时，他们可能会忘记关喷洒器，这将直接给鱼塘带去毒物并造成污染。甚至有的时候，人们正常地使用农药也会使鱼类受到大量化学药物的污染。因此，即使人们大量减少用药经费也很难改变这种情况，因为每英亩喷洒零点一磅以上药物也将对鱼塘产生危害。一旦进入池塘，这种毒剂就很难消除了。曾经，有人为了除掉池塘中的银色小鱼而使用了滴滴涕。后来，即使此人反复排水，这些毒物还是留存在池塘中。这些蓄积的毒物杀死了池塘中百分之九十四的翻车鱼。很显然，这些化学毒物储存在池塘底部的淤泥中。

在刚开始使用新式杀虫剂时，人们也为此付出了很多代价。与之相比，目前的情况简直是有过之而无不及。一九六二年，俄克拉荷马州野生生物保护局宣称，“关于农场鱼塘和小湖中鱼类的损失，我们会要求有关部门做出相应的报告。长期以来，这类报告每隔一周进行一次。如今，这个频率越来越高。”在向农作物施用杀虫剂后，人们经常能遇到一场暴雨。结果，雨水将毒素冲进了池塘里。多年来，俄克拉荷马州因此损失惨重。对此，人们似乎已经习以为常了。

在世界上的某些地方，塘鱼是人们必不可少的食物。在这些地方，在使用杀虫剂之前，人们并未考虑到会对鱼类产生何种影响。于是，各种问题接踵而至。例如，在罗得西亚，滴滴涕（浓度仅为百万分之零点零四）杀死了卡菲鲤的幼鱼（其生活在浅水中，是一种重要的食用鱼）。对于许多其他杀虫剂，人们甚至使用更小的剂量也能致死。这些鱼所生活的浅水环境也是滋生蚊子的好地方。在消灭蚊子的同时，人们还要考虑如何保护中非地区的食用鱼。很明显，这个问题始终未得到妥善解决。

牛奶鱼，常见于菲律宾、中国、越南、泰国、印度尼西亚和印度，并且这些地方都会进行大面积养殖，其也面临着同样的问题。在这些国家的海岸带，人们会圈一些浅水池塘，池塘中养殖着这种鱼。这种鱼的幼鱼群会突然地出现在沿岸的海水中（没有人知道它们是从什么地方来的）。随后，人们会将它们捞起来，再放入蓄养池，它们就在池里长大。对于东南亚的人（他们主要以大米为食）而言，这种鱼的作用不容小觑——它们是动物蛋白的非常重要来源。

因此，太平洋科学代表大会建议，国际社会应该共同努力，致力于寻找该产卵地（至今无人知晓），以期更广泛地养殖这种鱼。但是，喷洒杀虫剂已给现有的蓄养池造成了严重损失。在菲律宾，为了消灭蚊子，人们进行了大规模喷药，这使得鱼塘主人们付出了昂贵的代价。此前，有一个池塘里养有十二万条牛奶鱼。在飞机喷药后，至少一半的鱼被毒死了。养鱼者们想通过水流来稀释毒物，然而，这种做法没有任何意义。

一九六一年，得克萨斯州河流下游的科罗拉多河中发生了近年来最大规模的鱼类死亡事件。一月十五日（这天是周日），在黎明前后，人们在新唐湖和该湖下游约五英里范围内的河面上发现了大量死鱼。此前，人们并未经历过这种情况。周一，人们在下游五十英里范围内发现了大量死鱼。很明显，这是因为某些毒性物质顺着河流向下扩散。到了一月二十一日，在一百英里处靠近格拉朗日的地方，人们也发现了大量死鱼。而在一周后，这些化学毒物在奥斯汀下游两百英里处又毒死了不少鱼。在一月的最后一周，人们关闭了内海岸河道的水闸，以避免有毒的河水进入玛塔高达海湾，并最终流入墨西哥湾。

当时，来自奥斯汀的调查者们闻到了一些气味。他们断定，这些气味来自杀虫剂氯丹和毒杀芬。人们发现，在一条下水沟的污水里，这种气味更加浓烈。之前，由于排放工业废物，这条下水沟造成了不少事故。随后，得克萨斯州渔猎协会的官员展开了调查，他们从湖泊出发，随后沿着河流而上，一直找到了这条下水沟。他们推测，这种气味源自六氯苯。后来，他们发现，这种气味从一个化学工厂里飘散出来，影响的范围非常广。这个工厂主要生产滴滴涕、六氯苯、氯丹和毒杀芬以及其他杀虫剂。近年来，该工厂的管理人员将大量杀虫药粉冲洗到下水沟中。调查者们最后了解到，在过去的十年中，该工厂一直将杀虫剂的药粉残毒冲刷在下水沟里。

通过进一步研究，渔业官员发现，雨水和日常生活用水也可能将其他工厂的杀虫剂冲入水沟。在河湖里的水质变得对鱼类致命的几天之前，已有数百万加仑水流经整个排水系统。在加压的情况下，这些水冲洗了排水系统。毫无疑问，流水已将砾石、砂和瓦块沉积物中的杀虫剂冲刷并携带了出来。随后，这些杀虫剂进入湖中，后来又到了河里。最终，这些杀虫剂所到之处，横尸遍野——到处都是死鱼。

这些致命毒物顺流而下，最终到达科罗拉多。然而，它们带来的却是死亡。该湖下游一百四十英里范围内的鱼几乎都被杀死了。后来，人们使用了各种办法，希望还有鱼能够幸存。然而，他们一无所获。后来，人们发现，每英里河岸上大概有一千磅死鱼，他们发现了二十七种死鱼；其中，有运河猫鱼（这是人们的主要捕捞对象），还有蓝色的和扁头的猫鱼、鳅、四种翻车鱼、小银鱼、鲦鱼、石滚鱼、大嘴鲈、鲻鱼、吸盘鱼、黄鳝、雀鳝、鲤鱼、河吸盘鲤、砂囊鲥和水牛鱼等。其中有一些鱼“年事已高”；许多扁头猫鱼的重量超过二十五磅——根据它们个头的大小就能知道它们的年龄。据报告，当地居民捡到了六十磅重的猫鱼。据记载，蓝猫鱼最重可达八十四磅。该州渔猎协会表示：即使此处不会再遭到污染，想要改变这条河里鱼类的数量也许要耗费多年时间。甚至有一些品种已经绝种了（因为它们只存在于该区域），而其他鱼类想要恢复数量也只能指望州里的养殖活动了。

如今，所有人都听说了奥斯汀鱼类遭受的灭顶之灾。但是，一切还未结束。在向下游流了两百英里之后，这些有毒的河水仍然能够杀死鱼类。如果流入玛塔高达海湾，它们将会影响当地的牡蛎产地和捕虾场。因此，人们决定将这些河水引流到墨西哥湾水体中。但是，它们又将带来何种影响呢？会不会还有类似的污染物排入此处呢？对此，我们不得而知。

如今，河口、盐沼（盐化沼泽）、海湾和其他沿海水体广受农药的污染。对此，我们也日益关注该问题。在这些地区，我们不仅能够发现被污染了的河水会流入其中；而且，为了消灭蚊子及其他昆虫，人们会直接喷洒农药。

在佛罗里达州东海岸的印第安河沿岸乡村，人们广施农药，这对盐沼、河口和所有海湾中的生命造成了十分严重的影响。一九五五年春天，为了消灭沙蝇幼虫，人们在圣鲁斯郡的两千英亩盐沼中喷洒了狄氏剂（用药量为每英亩一磅狄氏剂）。对于水生生物而言，这简直是一场灭顶之灾。来自州卫生部昆虫研究中心的科学家们对喷药后的现场进行视察后表示，“这些鱼类受到的伤害是致命的”。海岸上到处都是死鱼。从天空中人们可以看到，鲨鱼吞食着水中垂死无助的鱼儿。所有的鱼都未能幸免。这些死鱼中包括鲻、锯盖鱼、银鲈、食蚊鱼。

R·W·哈林顿和W·L·比德林梅耶尔来自当地调查队，他们在报告中称：“在整个沼泽区（除了印第安河沿岸），这些死鱼至少有二十至三十吨，约一百一十七万五千条，至少涉及三十种鱼类。

看来，软体动物都幸免于难。实际上，该地区的甲壳类已全部被消灭，水生蟹种群也被彻底消灭了。而提琴手蟹除了在一些未喷药的沼泽中偶尔存活外，其余的也全部被杀死了。”

“不久，体型较大的捕捞鱼和食用鱼都死了。蟹爬行在死鱼堆里（它们都已腐烂），吞食着鱼的尸体。第二天，这些蟹也都死了。蜗牛吞咽着鱼的尸体。两周后，我们连死鱼的残骸也看不到了。”

在佛罗里达对岸进行观察后，H·R·米尔斯博士描述了以上的景象。在塔姆帕湾，国家奥杜邦学会建立了一个海鸟禁猎区（其包括威士忌残礁）。为了驱赶盐沼地蚊子，当地卫生权威们喷洒了大量药物。结果，这一禁猎区变成了一个荒凉的栖息地，鱼和蟹再次成了牺牲品。提琴手蟹是一种小巧的甲壳动物。当它们成群地爬行在泥地或沙地上时，简直就像牛群一般。但是，面对人们喷洒的药水，它们无计可施，只能默默承受。今年夏秋季节，人们喷洒了大量的药水（有些地方喷药次数竟达到了十六次）之后，米尔斯博士统计了提琴手蟹的数量：“如今，我们可以明显地感受到，提琴手蟹的数量再次减少了。此时（秋季）的气候条件十分适合提琴手蟹生存。正常情况下，此处至少有十万只提琴手蟹。如今，我们只发现不到一百只，而且‘非死即病’——它们颤抖着，抽动着，沉重地爬行着。然而，在未喷药的地区中，我们依然可以发现大量提琴手蟹。”

这里是能见到提琴手蟹为数不多的几个地方之一。在生物栖居世界的生态学中，这种地方不可或缺。对于很多动物而言，它们是重要的食物来源——海岸浣熊、铃舌秧鸡、海岸鸟以及候鸟等。在新泽西州的一个盐沼中，人们喷洒了滴滴涕。几周后，天鹅的数量减少了百分之八十五。研究人员推测，人们喷药之后，这些天鹅再也没有充足的食物了，它们被活活饿死。在其他方面，这些提琴手蟹也具有重要价值——它们到处挖洞，清理了沼泽泥地，并给泥土换气；它们也给渔人们提供了大量饵料。

在潮汐沼泽和河口中，提琴手蟹并不是唯一遭受农药威胁的生物。还有一些生物对人类更为重要，它们也受到了危害。其中，蓝蟹就是一个典型代表。它们生活在切萨皮克湾和大西洋海岸的其他地区。蓝蟹对杀虫剂极为敏感。人们在潮汐沼泽、小海湾、沟渠和池塘中喷药后，这些地方的大部分蓝蟹都被杀死。在这个过程中，不仅当地的蟹死了，而且来自其他地区的蟹也都中毒死亡。有时，这些动物也会间接中毒而亡。在印第安河畔的沼泽地中，此处的蟹就像清道夫一样，处理了所有的死鱼。最后，它们自己也中毒而亡。人们目前还不太了解大红虾受危害的情况。不过，它们与蓝蟹同属于节足动物；并且，在本质上，它们具有相同的生理特征。因此，研究者推测，它们可能会受到同样的影响。而那些具有经济价值的蟹和其他甲壳虫可能也会有相似的遭遇。

近岸水体——海湾、海峡、河口、潮汐沼泽——构成了一个极为重要的生态单元。对于许多鱼类、软体动物、甲壳类而言，这些水体意义重大，不可或缺。因此，当这些水体不再适宜于生物居住时，这些生物也将消失。这也意味着，我们的餐桌上又将少去几道美味的海鲜。

众所周知，有很多鱼类都生活在海岸水体中。其中，大部分都将受保护的近岸区域作为它们养育幼鱼的场所。在栲树成行的河流中，我们可以发现大量大鲢白鱼的幼鱼。而在佛罗里达州西岸三分之一的洼地中，我们都能看到这类河流。在大西洋海岸，海鳟、叫鱼、石首鱼和鼓鱼在岛上以及浅滩（这些浅滩位于堤岸间，堤岸下方就是海湾，在海湾沙底我们就能看到这些浅滩）上产卵。这条堤岸横列在纽约南岸大部分地区的外围。这些幼鱼孵出后，潮水便会把它们"运走"。此时，它们会通过这个海湾。在这些海湾和海峡——卡里图克海峡、帕勒恰海峡、波桂海峡和其他许多海峡中，幼鱼发现了大量食物，并迅速长大。如果没有这些既温暖又受到了保护，而且食料丰富的水体养育区，各种鱼类种群将无法受到保护。在幼年阶段，这些鱼更容易中毒而亡。然而我们却让农药通过河流进入大海，甚至直接向海边沼地喷洒农药！

此外，在幼年时期，小虾习惯在近海岸觅食。对于沿南大西洋和墨西哥湾各州的渔民而言，这些虾类是他们主要的捕捞对象。虽然它们在海中产卵，但幼虾却会游入河口和海湾。这些小虾将经历形体上连续的蜕变。从五六月份到秋天，它们都会停留在河口或海湾，并在水底觅食。在它们靠近海岸（或河岸）生活的整个期间，小虾的安全乃至捕虾业的利益都依赖于河口优越的条件。

人们不禁会问：对于捕虾人及其市场供应而言，农药的出现是否会构成威胁呢？对此，商务渔业局最近做了一些实验，从中，我们也可以寻找到该问题的答案。通过实验，研究人员发现，刚刚过了幼年期的小虾已具有商业价值，它们对杀虫剂的抗药性非常低——其抗药性需用十亿分之几的标准进行衡量，而非通常使用的百万分之几的标准。在实验中，当狄氏剂浓度为十亿分之十五时，有一半的小虾就会被杀死。对于这些小虾而言，其他的化学药物毒性甚至更强。从始至终，异狄氏剂都是最致命的农药之一——十亿分之零点五的异狄氏剂便能将小虾杀死。

对于牡蛎和蛤而言，这种威胁更为严峻。这些动物在刚出生时也非常脆弱。这些贝壳栖居在海湾以及海峡底部。在新英格兰到得克萨斯的潮汐河流中，以及太平洋沿岸的保护区内，我们也能发现这些贝壳的踪迹。虽然贝壳成年后不再迁徙，但它们会把卵子散布到海水中。数周内，幼体（刚出生不久的贝壳）就可以自如地游走了。到了夏天，人们用细眼拖网就可以收集到这种牡蛎和蛤的幼体，它们很小，就像玻璃一样脆弱。当然，细网中还有许多漂流植物和动物，它们通常是浮游生物中的一员。这些牡蛎和蛤的幼体甚至还不及一粒灰尘大小，这些透明的幼体会漂浮在水面上，以微小的浮游植物为食。如果这些海洋植物不复存在了，那么这些幼小的贝壳也会饿死。对大多数浮游生物而言，农药的出现简直就是一场噩梦——农药能够很轻易地杀死这些浮游生物。通常用于草坪、耕地、路边，甚至用于岸边沼泽的除草剂只要有十亿分之几的浓度，即可成为这些构成软体贝壳幼虫食物的浮游植物的强烈毒剂。

人们只需取用微量的杀虫剂就能够将这些娇弱的幼体置于死地。即使杀虫剂浓度一开始不足以致死，它们最终还是难逃此劫——它们的生长速度会受到阻碍，这将延长幼体在浮游生物环境（已被毒化）中活动的时间，这也将减少它们发育成为成鱼的机会。

对于成年软体动物而言，某些农药直接使其中毒的可能性要小得多。但是，这只是一种可能，并非绝对。牡蛎和蛤会在其消化器官及其他组织中蓄积这类毒素。通常情况下，人们吃各种贝壳时都是把它们全部吃掉，有人还会吃生贝壳。商务渔业局的菲利浦·巴特勒博士曾打过这样一个比喻：我们目前正处于与知更鸟相同的处境。巴特勒博士提醒，这些知更鸟并不是由于滴滴涕的直接喷洒而死去的，而是因为吃了含有农药残毒的蚯蚓而死去的。

为了消灭昆虫，人们选择了农药，其直接作用是很明显的——它将造成河流和池塘中成千上万的鱼类或甲壳类突然死亡。听到这类事件，我们难免感到吃惊。但是，那些看不见的和无法测量的影响所带来的毁灭性可能更大！我们前面提到过，从农场和森林中流出的水源含有农药，它们正流经许多河流（甚至是所有河流）。最终将汇入大海。但是，我们却不知道这些农药的总量有多少。而且，一旦它们汇入大海，它们将被高度稀释。如此一来，依靠我们目前的技术将无法测出它们的存在。虽然我们知道这些化学物质在漫长的迁移过程中肯定发生了变化，但我们却无法知道最终的变化产物究竟比原来毒物的毒性更强，还是更弱。关于化学物质之间的相互作用问题，目前还没有人涉足。众所周知，当毒物进入海洋之后，它们会和很多的无机物质混合，进而转化。因此，这个问题的解决就显得更为迫切。然而，只有通过广泛严谨的研究，人们才能真正地解决这个问题。不过，研究需要投资，而投入这方面的资金实在少得可怜。

内陆和海洋渔业是非常重要的资源，它关系到民众的收入和福利。如今，各种化学物质给这些资源造成了极大的威胁。我们每年用于研制喷洒剂的经费不在少数，可是这些努力却毫无成效，甚至会带来很多危害。因此，如果我们能把这类经费用在上述建议的研究工作中去，我们就能发现更好的办法——使用更少的危险化学物质，并清除河流中的残毒。公众要到何时才能意识到这一点并付诸实践呢？我们只希望能够越早越好。

## 第十节　从天而降的灾难

最初，人们也只是在农田和森林上空小范围地喷药。然而，这个范围不断地扩大，喷药量也在不断地增加。正如一个英国生态学家最近所描述的那样，这种喷药已经变成了洒向地球的“死神之雨”。所以，我们对这种毒物的态度已经有些改变。如果这些毒物一旦装入标有死之危险标记的容器里，那么，即使很少使用这些化学品，我们也必须倍加小心。并且，这些毒药只能用在那些将要被杀死的对象身上，其他任何东西都严禁与其有任何的接触。然而，由于新的有机杀虫剂不断增多，再加上第二次世界大战后，有很多飞机被遗弃，使得人们忘记了所有使用毒药的注意事项。虽然现在毒药的危险性比以往使用过的任何毒药都要低，但是现在人们对毒药的滥用已经到了令人发指的地步——人们漫无目标的把有毒的农药漫天喷洒到森林和耕地里。农药过处，不仅是那些要消灭的对象——某些昆虫或植物，受到了灭顶之灾，就连其他无辜的生物——人类或其他有益的动物和植物也都受到了巨大的伤害。

如今，这种从空中同时向几百万亩土地喷洒有毒化学药剂的做法使得很多人感到不安。一九五〇年底，有关部门又进行了两次大规模的喷药运动，而这两次喷药运动更是大大地加重了人们的怀疑。这两次喷药运动的目的是为了消灭东北部各州的吉卜赛蛾和美国南部的火蚁。这两种昆虫都来自其他地区。不过，它们在当地已经存活了很多年。一直以来，它们也并没有对当地造成什么灾害。然而，在一个只要结果好而可以不择手段的思想（美国农业部的害虫控制科长期以来都遵循着这个思想）指导下，农业部最终还是断然地对这两种昆虫采取了行动。

消灭吉卜赛蛾的行动以失败告终。这个教训也告诉我们，若轻率地用大规模的喷药代替有节制的局部治理，将会造成巨大的损失！很明显，这个消灭火蚁的计划是一次失败的尝试。之所以失败，是因为我们夸大了消灭害虫的必要性。在不知道消灭害虫的必要剂量的情况下，人们便鲁莽地采取了行动。最终，这种鲁莽的行为也导致了这两个计划的失败——它们都没有达到预期的目的。

吉卜赛蛾源于欧洲，而现在已经在美国生存将近一百年了。法国科学家利奥波德·特鲁洛特在马萨诸塞州的迈德福德设立了他的实验室。一八六九年的一天，他正在尝试将吉卜赛蛾与蚕蛾杂交。这时，有几只蛾偶然地从他的实验室里飞走了。随后，这种蛾遍布了整个新英格兰。其中，风是使得这种蛾不断扩散的主要原因——这种蛾在幼虫（毛虫）阶段是非常轻的。因此，借着风力，它们能够飞得很远很远。此外，某些植物能够携带大量的蛾卵。基于上述原因，吉卜赛蛾安然地度过了冬天。到了春天，在长达数周的时间里，吉卜赛蛾的幼虫就会对橡树和其他硬木类植物进行破坏。如今，在新英格兰各州中部都能发现吉卜赛蛾的身影，而在新泽西州也偶尔发现吉卜赛蛾。一九一一年，该州在进口荷兰云杉时，吉卜赛蛾通过云杉侵入了新泽西州。同样地，密歇根州也发现了吉卜赛蛾的身影。不过，吉卜赛蛾是如何进入该州的，人们至今还没查清真相。一九三八年，新英格兰的飓风把这种蛾带到了宾夕法尼亚和纽约。不过，艾底朗达克地区的某些树木（吉卜赛蛾厌恶这类树木）阻止了吉卜赛蛾西行。

最终，通过多种方法，人们把这种蛾囚禁在了美国的东北部地区。在这种蛾进入美国后将近一百年里，人们一直担心它们会侵犯南阿拍拉契山区大面积的硬木森林。但这种担心是多余的。从国外进口的十三种寄生虫和捕食性生物最终成功地定居于新英格兰地区。农业部很看好也很信任这些舶来品——它们也确实有效地降低了吉卜赛蛾爆发的频率，并且减少了它们的危害性。通过使用这种天然的控制方法，再加上检疫手段和局部喷药的措施，最后，正如农业部在一九五五年所描述的那样，“害虫的扩散和危害已经得到控制”。

在宣布了上述结果时隔一年，农业部植物害虫控制处又开始了一项新的计划。这项计划宣称“要彻底扑灭吉卜赛蛾”，在一年中对几百万亩土地进行了地毯式的喷药。“扑灭”的含义是在害虫分布的区域中彻底、完全地消灭和根除这一种类。然而，这一计划接连不断地失败了。这使得农业部发现他们不得不第二次、第三次地向人们宣讲需要去“扑灭”同一地区的同一害虫。

一开始的时候，农业部对消灭吉卜赛蛾踌躇满志。一九五六年，仅仅一年的时间内，他们就在宾夕法尼亚州、新泽西州、密歇根州和纽约州的近乎一百万英亩的土地上喷洒了杀虫剂。住在喷药区附近的人们怨声载道，说药品的危害性很大。随着大面积喷药的常态化，人们变得更加不安。随后，该计划宣布，他们要在一九五七年一年内对三百万英亩土地进行喷药。这使得人们变得更加愤怒。而面对这一切，来自各州，甚至联邦的农业部门的官员们也只像往常一样，耸耸肩，认为这些抱怨无足轻重，根本就不放在心上。

其中，长岛区就处于一九五七年的灭蛾喷药区中。长岛区内，遍布城镇和郊区，有大量的人口，还有一些被盐沼（盐化了的沼泽）所包围的海岸区。长岛的纳塞县是纽约州中部乃至整个纽约南部的一个人口密度最大的县。为了证明这一喷药计划的正当性，不少官员和当局者一度鼓吹“害虫将在纽约市区蔓延”——这一言论简直是无中生有。因为吉卜赛蛾是一种森林昆虫，它们既不可能生存在城市里，也不可能生活在草地、耕地、花园或沼泽中。然而，一九五七年，美国农业部与纽约农业和商业部门雇用了一批飞机，并把他们预先规定的油溶性滴滴涕均匀地喷洒下来。这些滴滴涕浸入了菜地、制酪场、鱼塘和盐沼中。当喷洒药水的飞机飞到郊外街区时，喷洒下来的药水浸湿了一个家庭妇女的衣服；而在飞机到达郊区之前，她就听到了飞机的轰隆声。随后，她正竭尽全力地把她的花园给遮盖起来。这些杀虫剂也不可避免地喷洒到了正在玩耍的孩子身上和穿行于火车站的乘客身上。在赛特克特，一匹优良的赛马因为喝了田野中一条小沟里的水（这条小沟也被飞机喷洒了药水），十小时后就死了。汽车上也都是斑斑点点的残药。花和灌木因此而枯萎。鸟、鱼、蟹和一些益虫都被这些药水给毒死了。

由著名的鸟类学家罗伯特·库什曼·墨菲牵头，一群长岛居民曾上诉法院，想要阻止一九五七年的喷药计划。但是他们的诉求最终被法院驳回，这些居民虽然心存抵触，也不得不继续忍受滴滴涕给他们带来的困扰。之后，他们一直在争取对喷药的长期禁令。但由于这一次喷药已经开始了，法院方面也只能将他们的这一申诉定义为“有待讨论”。这个案件后来还被送到了最高法院，但遭到拒绝。著名律师威廉·道格拉斯对此表示强烈地反对。他认为“关于滴滴涕的危险性，许多专家和官员都提出了警告。不言而喻，这一案件对于民众来说十分重要”。

虽然，长岛居民提出的诉讼没有成功，但这至少唤醒了人们的意识，使他们清楚地看到，大量使用杀虫药正逐渐成为一种常态。这也使他们意识到，昆虫控制管理处竟然如此践踏公民的财产权利！

出乎意料的是，在对吉卜赛蛾喷洒药水的过程中，牛奶和农产品竟然也受到了污染。沃勒牧场位于纽约州的北外斯切斯特郡。而这个牧场两百英亩土地的遭遇就足以证明这种污染有多么严重。沃勒夫人曾请求农业部官员不要向她的牧场喷药。但是，飞机向森林喷药时，波及范围巨大，想要避开牧场是不可能的。她曾提出用土地来阻止吉卜赛蛾，并且用点状喷洒来阻止蛾虫蔓延。尽管官员们向她保证，药水不会喷洒到牧场上。但她的土地仍有两次被直接喷了药，而且还有两次遭到飘来的药物的影响。取自沃勒牧场纯种格恩西乳牛的牛奶样品表明，仅在喷药四十八小时之后，牛奶中就含有高达百万分之十四的滴滴涕成分。也就是说，堆放在牧场上的饲料也未能幸免。虽然该郡卫生局接到了有关通知，但并没明确指示，禁止牛奶流入市场。而这种情况，正是顾客缺乏保护的一个典型案例。不幸的是，这种情况太普遍了。尽管食品和药物管理局有明文规定，牛奶中禁止含有杀虫剂的成分。但是这项规定只是一纸空文。并且，该规定只用于约束洲际贸易。一般情况下，各州郡的官员当然会执行联邦政府的农药标准。然而，一旦当地的法令和联邦政府不一致时，联邦政府的法令便被他们抛在脑后。

一些菜农也有相似的遭遇。在他们种植的蔬菜中，一些蔬菜的叶子枯萎了，而且还带有斑点——毫无疑问，这样的蔬菜根本就卖不出去。有些蔬菜甚至还含有大量的残毒。在康奈尔大学农业实验站，研究人员分析豌豆样品后发现，这颗豌豆的滴滴涕含量竟然达到了百万分之十四甚至二十——而法定含量最多不得超过百万分之七。这样一来，菜农们要么选择承受巨大的经济损失，要么不计后果，继续贩卖残毒超标的产品。还有一些人分析研究了菜农受损的情况，并对相关数据进行了收集整理。

随着滴滴涕喷洒量的增多，到法院上诉的人数也大大增加。在这些上诉的人当中，有来自纽约州某些地区的养蜂人。其实，在一九五七年喷药计划实施之前，就有养蜂人遭遇了在果园中使用滴滴涕的危险。其中，有一位养蜂人痛苦地回忆道："一九五三年以前，我一直都对美国农业部和农业科学院提出来的每一项计划深信不疑。"但就在那年五月，这位养蜂人损失了八百个蜂群。而该州大面积喷洒药水的做法造成了巨大的损失。后来，那位养蜂人将州政府告上了法庭。另外，有十四个养蜂人也加入了他的维权行列。在喷药的影响下，他们已经损失了将近二十五万美元。还有这样一位养蜂人：一九五七年，在他的蜂场经历了一次喷药的浩劫后，他的四百个蜂群损失惨重。据他透露，正因为那次喷药，他在林场外出采蜜的中坚力量（工蜂）全军覆没。而即使是在喷药较少的农场，也有半数的工蜂死亡。他写道："五月份，正是蜜蜂繁忙的时节。这个时候走进院子，却听不到蜜蜂的嗡嗡声，确实让人十分懊恼。"

这些旨在控制吉卜赛蛾的计划，毫无疑问地被贴上了"不负责任"的标签。因为政府在租用飞机和雇用飞行员洒药时已经讲好，决定报酬的并不是飞机喷洒药水时覆盖的面积，而是喷药量。这样一来，飞行员根本就不会考虑应该如何节约农药。因此，很多土地不止一次遭受农药的侵袭。甚至有的时候，和飞机提供方签订喷药合同的是来自其他州的商业机构（这些公司地址往往还不在本州），所以他们并不同意对喷药行为负相应的法律责任。在这种情况下，那些蒙受直接经济损失的居民们会发现，他们甚至不知道应该将谁送上被告席。

在一九五七年那次喷药的浩劫后，有关部门很快就叫停了这个行动计划。并且他们还含糊其辞，表示他们要"评估"过去的工作，还要对农药进行检查。一九五七年，喷药面积达到了三百五十万英亩。而到了一九五八年，喷药面积骤然减少到了五十万英亩。在此后三年里，喷药面积再次缩小，仅为十万英亩。在此期间，长岛又传来了令人愤懑的消息——在长岛，吉卜赛蛾大军死灰复燃，卷土重来。到头来，喷药行动不仅付出了高昂的成本，还使得农业部颜面尽失，毫无公信力可言。此时，当初的美好愿望也破灭了——行动计划的本意是彻底根除吉卜赛蛾，最终却适得其反。

还没过多久，农业部害虫防控中心的工作人员似乎就忘记了吉卜赛蛾的事，因为他们又忙着在南方开始一个更加野心勃勃的计划。他们再一次使用了“扑灭”这个词。这一次，他们承诺，将帮助人们“扑灭”火蚁。

火蚁，因其满身红刺而得名。据说，它们是由南美洲通过亚拉巴马州的莫比尔港进入美国的。在第一次世界大战后不久，人们就在亚拉巴马州发现了这种昆虫。到了一九二八年，它们继续蔓延，并占领了莫比尔港的郊区。之后，它们以惊人的速度继续繁衍。现在，在美国南部大部分的州郡已经能见到这种昆虫了。

尽管火蚁入侵美国已有四十多个年头，这些昆虫却很少引人注目。别看火蚁身材矮小，它们建立的巢穴却无比巨大。仅仅因为数量太过庞大吧，人们对火蚁深恶痛绝。另外，它们的巢穴会妨碍农机的正常运转。因此，美国只有两个州把它列入了二十种最主要的害虫清单，而且它的名字仅仅出现在清单的末尾。这样看来，无论是在政府还是民众的眼里，这种火蚁对农作物和牲畜而言并不是什么威胁。然而，随着毒性化学药物研究的发展，政府对火蚁的态度发生了一百八十度的转变。在一九五七年，美国农业部发起了一个大规模行动，这也是美国农业历史上最为引人注目的行动。突然之间，这种火蚁便成了政府的宣传册中的反面角色，并且在一些电影和情节中成为联合打击的目标。在政府的眼中，身材矮小的火蚁变成了一种非常危险的害虫：在美国南部，它践踏农业，杀害鸟类和牲畜，甚至威胁人类的生命。于是，一场轰轰烈烈的围剿行动拉开了帷幕。在此次行动中，联邦政府协同各州，准备在美国南方的九个州郡一口气处理两千万英亩土地。一九五八年，“扑灭”火蚁的行动进行得如火如荼。当时曾有一家商业杂志兴高采烈地报道说：“目前，我们正在有条不紊地实行‘大规模灭虫计划’。而大量的农药订单正让美国的农药生产商们走上一条致富的康庄大道。”

而这次的喷药行动却引起了大家的公愤（当然，除了那些因此次行动而发家致富的商人之外）。这种情况史无前例。这是一次大规模的昆虫剿灭行动，不仅暴露了有关部门工作人员做事不经大脑，欠缺执行力的问题，而且付出了高昂的代价，并产生了毁灭性的后果。这次行动使美国政府颜面尽失，公信力大幅下降，是一次百害而无一利的尝试。而更令人费解的是，这样的一个行动计划，竟然能够吸引到那么多的资金。

更可笑的是，这些主张一经提出，竟赢得了国会的支持。在他们的言论中，火蚁俨然成为南方农业的严重威胁。它们被描述成毁坏庄稼和野生物的罪魁祸首——就连巢穴中的幼鸟都不放过；甚至有人还说，它们身上的刺也能威胁到人类的健康。

那些官方证人们一心只想着发横财，因此他们所说的和农业部的官方文件中所规定的内容并不一致。一九五七年，《杀虫剂介绍通报》（专门报道农药在害虫防治中的“英雄事迹”）并没有过多地提及火蚁——这个“遗漏”着实让人感到不可思议；甚至在一九五二年的农业部百科全书年报（该年刊全部登载昆虫内容）的五十万字的书中，也只有很小一段提到了火蚁。

根据农业部的非正式意见，火蚁会毁坏庄稼并伤害牲畜。在对付这种昆虫方面，亚拉巴马州有着最切身的体会。其农业实验站的工作人员也进行了仔细研究，但他们的意见与农业部的意见相反。据亚拉巴马州的科学家介绍，火蚁“对庄稼的危害是很小的”。昆虫学家F·S·阿兰特博士曾在一九六一年担任美国昆虫学会主任。他表示，“在过去五年中，并没有报告指出火蚁会危害植物和动物。”据一些奋战在一线的昆虫科学家观察和研究发现，火蚁主要以其他昆虫为食，而且大多数都是害虫。通过观察，他们得出结论：火蚁能够从棉花里找到，并吞食棉籽象鼻虫的幼虫。并且，它们的筑巢活动还能够疏松土壤，同时还能加强土壤内部的空气流通。密西西比州立大学科学考察站已经证实了亚拉巴马的这些研究结论。

相比于农业部提供的所谓证据，这些研究工作更有说服力。显而易见，农业部的这些所谓的证据，要么是走访农民——在昆虫的大千世界里，农民们很容易对火蚁的认识张冠李戴；要么就是查阅陈旧的文献。而昆虫学家都知道，由于这种蚁的数量日益增多，它们的嗜食习惯已经发生了改变。所以，几十年前的观察结论，到现在已经没有什么价值了。

在铁证如山的事实面前，政府不得不对“火蚁对健康与生命构成了威胁”的说法进行修正。尽管如此，农业部还是拍摄了一个宣传电影（目的是为了争取社会对灭虫计划的支持）。在这部电影中，火蚁身上的刺被拍成特写镜头，极其恐怖，让人一看就特别厌恶。电影中，他们再三地提醒人们要小心这种毒刺——就像躲开黄蜂或蜜蜂的刺一样。被火蚁刺伤后，一些皮肤过敏的人身上也可能会出现严重反应，医学文献也确有记载，有人因为中了火蚁的毒液而死亡——虽然这一点尚未得到证实。据人口统计办公室报告称，仅在一九五九年，就有三十三人被蜜蜂和黄蜂蜇伤而中毒身亡，然而却没有一个人提出要“扑灭”这些昆虫。说得更明确一点，最有说服力的还是当地的事实。虽然火蚁定居亚拉巴马州已长达四十年，并且数量庞大，但据亚拉巴马州卫生官员称：“我们这从来没有报告说有人因火蚁叮咬而死亡的。”并且，他们认为就算有，也是“纯属偶然”。确实，当小孩子们在草坪和游乐场上玩耍时可能被火蚁叮咬，不过，这么点小事儿根本无法成为人们在几百万英亩的土地上大肆喷洒农药的借口。因为在这种情况下，只需要处理掉草坪和游乐场上的蚁穴就足够了。

他们甚至武断地认为，火蚁对猎鸟也具有危害性。在这个问题上，最有发言权的人当然是M·F·贝克博士。他是亚拉巴马州奥波恩野生动物研究所的负责人。凭借着多年的研究和工作经验，他的观点与农业部的论点完全相反。贝克博士说：“在亚拉巴马南部和佛罗里达西北部，我们可以轻而易举地捕捉到许多鸟类。其中，北美鹑与迁徙至此的火蚁并存。近四十年来，亚拉巴马南部一直存在着这种火蚁，但丝毫没有影响到猎鸟的生存。不仅如此，猎鸟的数量还有实质性的上升。换句话说，如果火蚁的迁徙真的对野生动物来说是一种威胁，那么猎鸟的数量应该是不断减少才对。”

在使用杀虫剂剿灭火蚁的过程中，野生生物又经历了什么呢？用来消除火蚁的杀虫药是狄氏剂和七氯，它们都是最新研制出来的。人们对于这两种药非常陌生。当在大范围内使用这种药时，甚至没有任何人知道它们会对野生鸟类、鱼类或哺乳动物带来什么样的后果。但有一点是清楚的，这两种毒物的毒性都大大超过滴滴涕。滴滴涕是人们经常使用的一种农药，至今已经有十年的历史。按照滴滴涕药剂的算法，如果每英亩的土地药剂含量达到一磅，那么鸟类和鱼类便会遭受灭顶之灾。更不用说人们在使用狄氏剂和七氯时，剂量甚至更多——很多时候，每英亩农药剂量高达两磅；如果想同时杀灭白边甲虫，每英亩土地则需要用到三磅狄氏剂。就其药效而言，每一英亩投放七氯的剂量相当于二十磅的滴滴涕，而狄氏剂则相当于一百二十磅的滴滴涕。

面对这种严重的情况，来自该州的大多数自然保护部门、国家自然保护局、生态学家，甚至是一些昆虫学家提出了紧急抗议。他们向时任农业部部长叶兹拉·本森集体请愿，希望推迟实施该项计划。他们认为，要想大规模投放狄氏剂和七氯，至少应该做好前期研究，确定狄氏剂和七氯对野生动物及家养动物的影响，并且确定控制火蚁所需的最低剂量。但是，这些抗议最终以失败而告终。而原定的喷洒药物的计划也在一九五八年开始执行。计划施行的第一年就处理了一百万英亩的土地。毋庸置疑，在这种情况下，任何研究工作都变得毫无意义了。

随着计划的实施，各种问题开始在州、联邦的野生生物部门和一些大学的生物学家的研究工作中被逐渐积累起来。据有关研究人员称，在喷药后，某些地区因此造成的损失继续扩大。最终，这些地区的野生动物将彻底灭绝。就连家禽和各类牲畜也都没能够幸免于难。而在此时，农业部竟然以“夸大事实”和“谣言”为借口，将一切有关损失的证据全都销毁。然而，这一切才只是个开头。在得克萨斯州哈丁县就发生了这么一件事情：在对农地施用农药后，袋鼠，犰狳类，以及很多浣熊都消失了。甚至到了用药后的第二个秋天，这些动物的数量仍然寥寥无几。后来，终于在这个地区，人们发现了几只幸存的浣熊。而在它们的体内，人们发现了这种农药的残毒。

人们在那些用药的地区发现了一些鸟类的尸体。经研究发现，这些鸟儿生前吞食了用于消灭火蚁的毒药。（幸存的鸟类多为家雀，因为它们具有一定的抗药性，而这一点在其他地区也找到了相关证据。）一九五九年，在亚拉巴马州有一片开阔地，那里曾经喷洒过药水，有半数的鸟类因此而丧命。凡是生活在地上或者在植物上搭窝的鸟儿全部死亡。甚至时隔一年后，这个地区仍然没有任何鸟类的踪迹；曾几何时，这里生机盎然，现在却变得死气沉沉；即使到了春天，也见不到鸟儿的身影，听不到鸟儿的歌声。在得克萨斯州，人们发现了鸟窝边横躺竖卧的八哥、黑喉鸦和百灵鸟，还有许多鸟窝也已经废弃。当鸟儿的遗体从得克萨斯州、路易斯安那州、亚拉巴马州、佐治亚州和佛罗里达州送到鱼类和野生物服务处进行分析的时候，研究人员惊奇地发现，百分之九十的尸体内都含有狄氏剂和七氯的残毒，而总量竟然超过百万分之三十八！

有一种鸟叫作野鹬。冬天的时候，它们会在路易斯安那州的北方觅食。而现在，人们已经在它们体内发现了原本用来对付火蚁的残毒。经过研究，人们发现，这种残毒来自于蚯蚓——野鹬主要以蚯蚓为食，它们用那细长的嘴在土中寻觅蚯蚓。在路易斯安那州施药后的六到十个月中，人们发现了那些残存的蚯蚓，它们的体内依旧含有百万分之二十的七氯；甚至在一年之后，它们体内的七氯比例依然高达百万分之十以上。通过观察野鹬幼鸟和成年鸟在近年来的比例变化，人们发现了野鹬间接中毒致死的事实；而这种明显的比例变化也正是这一事件带来的后果。其实，就在那次除蚁运动后，人们就开始注意到了这一明显的比例变化。

最让南方的猎户们感到不安的是一些与北美鹑有关的消息。北美鹑通常是在地面上筑巢和觅食的，但是在喷药区，所有的北美鹑都已经被杀死了。例如，在亚拉巴马州，野生物联合研究中心就展开了一项初步调查——他们在三千六百英亩被喷药处理过的土地上调查了鹑的数量。他们发现，一共有十三群，一百二十一只鹑分布在这个区域。但是在喷药后的两个星期，他们只能找到它们的尸体。所有样品都被送到鱼类和野生物研究中心进行分析。结果表明，它们体内均含有致命剂量的农药。无独有偶，这一情况在得克萨斯州再次出现。那儿的人们用七氯处理了二千五百英亩的土地。最终，所有的鹑都消失了。甚至百分之九十的鸣禽也和北美鹑一样，被农药夺走了生命。化学分析再一次表明，那些鸟儿的体内残留着致命剂量的七氯。

扑灭火蚁的计划不仅使鹑的数量骤减，也让野火鸡的数量急剧地减少。在亚拉巴马州维尔克斯郡就有这么一个地方。在人们使用七氯杀虫剂之前，这里有八十只野生火鸡。但是在施药后的那个夏天，火鸡荡然无存，只留下一堆堆没有孵化的火鸡蛋和一只只死去的幼崽。饲养的火鸡也有着同样的命运——在用化学药品处理过的地区，当地的农场里面的火鸡也很少下蛋，就算下蛋了，也很少有小鸡破壳而出。即便有几只火鸡崽儿出生了，它们也活不了多久。而在邻近未经处理过的地区，这种情况从来都没有发生过。

绝不是唯独这些火鸡才有这样的命运。克拉伦斯·科塔姆博士是美国非常有名的并且十分受人尊敬的野生物学家。之前，他走访了一些农民——这些农民的土地都被喷洒了农药。据他们介绍，在喷药后，所有的鸟儿都从树林里消失了。除此之外，大部分农民都反映，他们的牲口和家禽也相继死去。科塔姆博士后来在报道中这样说："其中，有一个农民对喷药工作人员感到无比愤怒。他说，他的母牛已经被毒药杀死了，他只好通过埋葬或其他方法来处理这几头死牛。另外他还知道，还有三四头母牛也死于这次药物处理。而其中还有一些牛犊，仅仅因为在出生后吃了母牛的奶，也都死了。"

科塔姆博士访问过一些受害人，他们当中的很多人都对一个问题感到困惑不解——在经过农药处理后的几个月中，他们的土地究竟发生了什么？其中，有一位妇女这样告诉博士说，"在她周围的土地被洒过药之后，她像往常一样放养母鸡"，由于一些她不知道的原因，几乎没有小鸡破壳而出，甚至连母鸡都死了。另外有一个养猪的农民这样说："在喷洒了农药后的整整九个月中，他根本就没有收获小猪——这些猪崽要么生下来就是死的，要么生下后很快就死了。"另一位农民也有相同的遭遇。他说："三十七胎小猪本来有二百五十头左右的小猪。但只有三十一头活了下来。"并且，自从他的土地被喷洒过农药之后，他再也无法在这块土地上养鸡了。

即使发生了这么多的事情，农业部依然否认牲畜的死亡与扑灭火蚁的计划有关。O·L·波特维特博士是佐治亚州贝恩桥的一名兽医，他曾经处理过许多因药物中毒的动物。对于发生的这一切，他总结了如下原因：首先，他认为杀虫剂是引起这些动物死亡的主要原因。这些药物施用后的两星期甚至几个月内，耕牛、山羊、马、鸡、鸟儿和其他野生物的神经系统都受到了毁灭性的打击。当然，受到这种影响的只有那些接触过被污染的食物或水的动物，而圈养的动物并不会受到影响。并且，只有在处理火蚁的地区才存在这种情况。波特维特博士对这些疾病进行了一系列研究，得出的结论有力地回击了农业部的意见。由此，在一些权威著作中，波特维特博士与其他兽医将观察到的一些症状解释为“因狄氏剂或七氯中毒而引起的症状”。

波特维特博士又描述了一个令人感到奇怪的病例——有一些牛犊出生才两个月就出现了七氯中毒的症状。实验室的研究人员对这些牛犊进行了彻底研究。工作人员发现：在它们的脂肪里，七氯含量竟然高达百万分之七十九。只不过，这个发现是在施用了七氯杀虫剂五个月以后才得到证实的。那么，这些七氯是存在于小牛犊们的草料里面，还是来自喂养牛犊的母乳中呢？又或者是在牛犊出生前，这些七氯就已经存在呢？波特维特问道：“如果七氯存在于牛乳中，那么，孩子们一旦饮用了这种牛奶，我们拿什么来保护他们呢？”

从波特维特博士的报告中，人们发现了一个关于牛奶污染的重大问题——“扑灭火蚁计划”主要是针对田野和庄稼地施行。那么，在这些土地上的乳牛状况如何呢？在喷洒了农药的田野上，青草不可避免地含有七氯残毒。如果这些草被母牛吃掉，那么牛奶中也必将含有草中的残毒。早在火蚁控制计划执行之前，通过实验，人们已于一九五五年证实了七氯这种毒物可以直接转移到牛奶中。后来又有人报道了有关狄氏剂的类似的实验——在火蚁控制计划中，狄氏剂作为一种毒药，也被人们用来消灭火蚁。

如今，农业部的年刊也将七氯和狄氏剂列入了“化学药物”的名单。那些牧场动物和肉用动物长期以草料为食，而这些化学药物却使得动物们赖以生存的草料变成了毒药。在南方草地上喷洒七氯和狄氏剂的计划引起了人们的强烈反对，但是农业部的害虫防治中心仍在大力支持甚至极力推行这些计划。在这种时候，可怜的消费者们只能自求多福了。因为没有任何人或组织保护他们的权益，让他们免受牛奶中狄氏剂和七氯残毒的危害。面对质疑，美国农业部的官员们也只是稍微耸耸肩，回答说：“我们已经敦促农民在喷药前就将乳牛赶出农场，并在喷药后三十到九十天才把乳牛再赶回来。”因为大多数农场都很小，但喷药计划的规模却很大——化学药物通常是用飞机喷洒的——所以，要让人们接受甚至遵守农业部的劝告并非易事。并且，从残毒的药效来看，这个规定的期限（三十到九十天）也是远远不够的。

尽管牛奶中出现的农药残毒问题让食品与药物管理局感到忧心忡忡，但是，部门的权利十分有限，因此无法阻止这场运动。火蚁控制计划覆盖了很多州郡。大多数州的牛奶业都衰退了。因为奶制品达不到洲际贸易标准，无法运到别的州去卖。就这样，“联邦灭虫计划”造成了“牛奶供应危机”。面对这一危机，政府却又束手无策。一九五九年，亚拉巴马州、路易斯安那州和得克萨斯州的卫生官员和其他相关工作人员收到了一份调查报告。该报告显示，有关部门之前并没有进行过实验研究，他们甚至完全不知道那些奶制品是否已经被杀虫剂所污染。

其实，在“火蚁控制计划”开始之前，就已经有人开展了一些对七氯特殊性质的研究。更准确地说，在“联邦政府灭虫行动”带来危害之前，就已经有人查阅了当时的公开出版物，对刊物上的研究成果进行了分析，并试图阻止这一计划的实施。因为事实确实如此：在动植物的细胞组织或者土壤中潜伏一段时间后，七氯将会变成一种毒性更烈的环氧化物。通常情况下，这种环氧化物被认为是风化作用的产物。食品与药物管理局的工作人员发现，用百万分之三十的七氯喂养的雌鼠仅在两星期之后就可在体内蓄积百万分之一百六十五的毒性更强的环氧化物。这种现象，其实早在一九五二年就被人们发现了。

一九五九年，有一些生物学的文献对这种农药转化现象进行了记载。但是当时的记述十分简略。当时，食品与药物管理局曾采取措施，严格规定任何食物都不能含有七氯及其环氧化物残毒。这项禁令的出台，曾一度使“火蚁控制计划”受阻。农业部的官员们仍在强行索取防治火蚁的经费；但地方农业管理处已经不再像以前那样，苦口婆心地劝说农民使用化学农药。因为他们知道，依照法律规定，一旦使用这些农药，农民生产的粮食就可能因化学物质超标而无法销售。

我们不难发现，对于所使用的化学药物，农业部连最起码的调查都没有做到；即使他们进行了调查，甚至在调查中发现了问题，他们也对这些问题置之不理，继续一意孤行。他们之前应该做过一些研究，起码应该知道，如果一定要用农药灭虫，那么农药最低剂量是多少。只不过，他们的研究最终失败了。后来，他们就决定大剂量地使用药物。这样的做法持续了三年之久。一九五九年，他们减少了七氯的投入比例——从每英亩两磅减少到了每英亩一点二五磅；之后又减少到每英亩零点五磅。随后的三到六个月，他们又喷洒了两次药水，而这个时候的比例量已经减少到了每英亩零点二五磅。农业部的一位官员把这一变化描述为“这是对一个有改善空间的方法的修正计划”。这种“修正”表明，小剂量地喷洒药物也是有效的。如果人们在“剿灭害虫计划”发起之前就能知晓这份报告中的内容，就可以避免大量的损失，也能节约不少纳税人的血汗钱。一九五九年，为了消除人们对该计划日益增长的不满，农业部主动提出向得克萨斯州的土地所有者免费供应这些化学药物。不过，这些土地所有者必须签字保证，对于这些化学药物所造成的损失，他们自行承担。就在同一年，亚拉巴马州的官员面对化学药物所造成的损失惊慌失措。因此，他们决定，拒绝继续使用这项计划的基金。有一位官员这样描述整个计划：“这是一次愚蠢、草率、失策的行动，更是一种藐视公共和个人权益的霸道行为，极不负责任。”虽然州政府资金缺乏，但亚拉巴马仍然能够不断地从联邦政府拿到钱。甚至在一九六一年，亚拉巴马州又说服立法部，获得了一小笔经费。同时，路易斯安那州的农民们对于该计划的不满情绪也日益高涨。因为在使用化学药物消灭火蚁时，会导致其他的某些昆虫大量繁殖，而这些昆虫是甘蔗的天敌。归根结底，这个计划终将一无所获。这简直就是一个悲剧。农业实验站、路易斯安那州大学昆虫系主任L·D·纽塞姆教授在一九六二年的春天做了简明的总结:"'扑灭火蚁计划'一直以来都是由州和联邦政府指导的。而现实也告诉我们，这个计划失败了。如今，在路易斯安那州，受到害虫侵袭的区域比'控制计划'开始之前更大了。"

很明显，在这个时候，人们越来越倾向于采取一种更稳妥的办法。据报道，如今，佛罗里达州的火蚁数量比"防治计划"开始时还要多。对此，佛罗里达州相关官员表示，对于任何有关大规模扑灭火蚁的意见，该州均拒绝采纳。他们准备改用局部集中防治的办法。

他们所说的"局部集中防治法"不仅十分有效，而且成本较低。多年来，这种方法早已尽人皆知。火蚁通常都是巢丘栖居的，而针对个别巢穴进行化学药物处理并非难事。进行这种处理，每英亩的费用仅需约一美元。对于巢穴密集而又准备实行机械化清除的地方，农民们可以先耙平土地，然后直接向巢穴施放农药。这种办法是由密西西比农业实验站率先提出的。使用这种办法，可以有效地控制百分之九十到九十五的火蚁，而每英亩的处理费用仅需二点三美元。相比而言，农业部的大规模防治计划每英亩的成本需要三点五美元。显而易见，农业部的方法不仅成本最高、危害甚大，而且收效甚微。

## 第十一节　超越了波吉亚家族的梦想

其实，人们的很多行为都对自然界造成了严重的污染。而这样的“大规模洒药行为”，只不过是其中之一罢了。长期以来，我们一直暴露在无数小规模的毒剂污染下，这样的污染对人体的伤害是很大的。与之相比，这样的“大规模喷药行为”给我们带来的伤害反而更小一些。从出生到死亡，人们和危险药物的接触就没有中断过。最终，如果长期接触这种化学毒剂，势必会给人类的身体造成严重的危害。虽然，每一次与化学药物的接触都非常轻微，但是日积月累，这些化学药物会在我们体内蓄积。最终，这种蓄积可能会导致中毒。在现实世界中，没有任何人能够避免这种长久的、轻微的接触。除非他生活在世外桃源。这些政府说客的花言巧语让百姓们蒙在鼓里，普通居民很少觉察到他们正在用这些剧毒的物质把自己包围起来，他们确实可能根本没有意识到他们正在使用这样的物质。

如今，在人们的生活中，毒剂已经司空见惯了。现在，任何人都能在商店里轻易地买到某些化学药品。这些药品的毒性甚至比某些医用药品更强。并且，在他们购买这些药品的时候，没有任何人询问他们购买的目的——这种行为是多么的危险！如果要购买那些稍具毒性的医药品，顾客只需要在“有毒物质购买登记本”上签个字就行了！如果有人对化学药物有一定的了解，并且能够在超市做一个调查的话，那他一定会被吓到——超市的很多商品都具有毒性！

如果有人在杀虫剂商店的门口挂上带有骷髅头的“死亡标记”，那么顾客在进入商店时，至少会重新掂量一下他们准备购买的商品。在这种商店里，杀虫剂整齐地排列在货架上。在它们的旁边，竟然摆放着泡菜、橄榄和肥皂！而那些装在玻璃容器中的化学药物，就连小孩也能轻易拿到；一旦这些瓶瓶罐罐从货架上掉下来，那么药水很有可能会溅到顾客的身上。而这些药物曾导致那些喷洒过它的人得病。而当顾客把这种药物买回家时，这种危险也就被带到了家里面。例如，滴滴涕的药罐上通常会有这样的警告语：“本产品经高压填装，若受热或遇火，有爆裂危险！”有一种普通家用杀虫剂叫作氯丹。氯丹用途广泛，甚至能够在厨房中使用。但是，一位来自食品和药品管理局的一位药物学家声称：“室内不宜喷洒氯丹。喷洒了氯丹的房子不宜居住，因为这简直是在拿生命开玩笑。”狄氏剂作为一种家用杀虫剂，毒性更强。

虽然狄氏剂具有更强的毒性，但很少有人意识到这一点。狄氏剂使用起来非常方便。通过使用狄氏剂，人们可以轻松地清理橱柜架子上的纸垫——双面都能清洗得干干净净。在狄氏剂的包装盒里，还有一本小巧的使用手册，上面介绍了一些用药水消灭臭虫的方法。这样，我们便可按照说明，将狄氏剂洒在室内很少接触的地方，比如房间的旮旯或者护壁板上。

日常生活中，蚊子和跳蚤一直困扰着我们。于是人们会用一些洗涤剂、面霜或喷雾剂护理衣物或擦拭皮肤。有专家警告说，这类物质会溶于油漆和人工合成物中。但人们依然抱有幻想，认为这些化学物质不会穿透人类的皮肤，更不会对人类的身体造成伤害。为了确保我们能随时随地消灭害虫，纽约一家杀虫剂的旗舰店就推出一种袖珍包。不论是在海滨和高尔夫球场游玩，还是在清理和保养渔具，袖珍包都能轻松搞定害虫的侵扰。

对于那些穿梭在地板上的昆虫，我们在地板上打蜡涂药，就能将它们一网打尽。如果要对付蠹蛾，我们可以在壁橱和外衣口袋里放一块布条，用 γ－六氯环己烷药水浸湿，就能远离囊蛾困扰。不过，当店家在推销这些喷剂药物时，并没有说明 γ－六氯环己烷所具有的危险性。他们也从来没有想过要如何去消除 γ－六氯环己烷的气味，并且一直以来，他们都说这种药物是安全无味的。而根据美国医学协会的说法，γ－六氯环己烷非常危险。所以，医学协会在其杂志上号召人们抵制使用 γ－六氯环己烷雾化器。

在《家庭与花园通讯》中，农业部竟然劝说人们用滴滴涕、狄氏剂、氯丹等有毒药剂对衣物进行消毒。他们甚至还信誓旦旦地称，如果我们不小心用药过量，而在衣服上留下白色沉淀物的话，只用轻轻一刷，这些白色沉淀就掉了。可是，他们却没有告诉人们该怎么去刷这些白色沉淀才不会受到伤害。简直不敢想象，陪伴我们进入梦乡的，很可能都是杀虫剂，因为我们睡觉时身上盖的毛毯可能还有狄氏剂的残留！

如今，园艺和一些“高级毒剂”息息相关。现在，在五金店、园艺用具商店和超市里，人们能够轻易地找到各种各样的杀虫剂。那些尚未广泛使用众多的致死喷洒物和药粉的人只是由于他们动作太慢，因为几乎每一种报纸上的园艺专栏和大多数园艺杂志都认为使用这些药物是理所当然的。

甚至是急性致死的有机磷杀虫剂也广泛地被用于草地和观赏植物。一九六〇年，佛罗里达州卫生部发表声明称，在居民区，任何人都不得出于商业目的擅自使用该杀虫剂，除非使用者征得有关部门许可，而且用途及用法符合规定。在这一规定实施之前，已有多人因为对硫磷中毒而亡。

很多花园主和房主每天都在接触这些危险药物。针对这种情况，有关部门也出台了相应的禁令。然而，新工具的问世，使得毒剂在草坪和花园中的使用更加频繁了。这样，花园主和房主们和这些危险毒物的接触也就更加频繁。现在，有很多人会把一种“瓶型装置”安装在他们花园里的水管上。在给草坪浇水时，那些药物（如氯丹和狄氏剂）就会和水一起，洒落到草坪上。这种装置不仅对园主造成危险，也给公众带来危害。《纽约时报》在“花园专栏”中警告：如果没有特殊的保护装置，这些毒药就会因为“倒虹吸作用”而进入供水管网。现在，不计其数的人在使用这种“瓶型装置”，可是却很少有人意识到这种装置给公共用水造成的危害。这正是公共用水长期被污染的原因之一！

曾有位医生，他是一个狂热的园艺爱好者。一开始的时候，每周他都会按部就班地在他的灌木丛和草坪上喷洒滴滴涕；后来，他又在药物中加入了马拉硫磷。有时，他直接用手洒药；有时，他会用“瓶型装置”直接把药加到水管中。很多时候，他的皮肤和衣服都会沾染药水。一年以后，他突然病倒住院。经检查发现，在他的脂肪组织中，滴滴涕的含量已经达到了百万分之二十三。并且，他还出现了大范围的神经损伤。医生认为，这种损伤是永久性的。一段时间以后，他的体重也减轻了，感到极度的疲劳——他患上了罕见的“肌肉无力症”。这是一种典型的马拉硫磷中毒的症状。后来，这位园艺爱好者再也无法像以前那样，在花园里浇花除草了。

在花园里，真正无害的恐怕就只有那些水龙头了。为了适应施放杀虫剂的需求，很多人在他们的割草机上安装了一种微型装置。当花园主使用割草机时，这种小型装置就会散发出一种白色的烟雾。很快，农药分子便混入汽油的废气中。有很多郊区居民可能已经用这种方式去喷洒农药了。毫无疑问，虽然鲜为人知，这种做法将加重他们家园的空气污染。

还有一点必须提及：虽然，杀虫剂已经成了家里和花园里的常客，但危害不言而喻！我们知道，那些商标上的警告标识很不显眼。自然，很少有人会去阅读这些警告语，更谈不上要人们去遵守了！有一个工业制品店做过一项调查：他们想了解有多少人认真对待这种警告标识。可是，结果表明，大约有百分之十五的人甚至都不知道还有警告标识这回事。

现在，郊区的居民们认为，只要酸苹果草能够收割，他们愿意付出任何代价。那些农药包装袋似乎成了某种象征——人们不喜欢野草，所以就使用了农药。这样看来，农药似乎成了人类的助手。

而厂家更是绞尽脑汁地给这些农药取一些“冠冕堂皇”的名字。于是，人们压根儿就不会把“农药”想成毒药。在购买时，如果你想知道它究竟是氯丹还是狄氏剂，那么，请擦亮眼睛，仔细地阅读那些隐蔽的警告标识。还有一些“技术资料”详细介绍了农药的使用方法。一旦这些资料上说使用农药是有危害的，那么，人们是看不到这些资料的。因为卖家早就把它们销毁了。而人们能够看到的，不过就是那些所谓的说明书，上面大多描述的是一个幸福家庭的景象：父亲和儿子开心地朝草坪走去，准备喷药；小孩子们和狗正在草地上打滚。这是一幅多么温馨的画面啊！而在这温馨的背后，却隐藏着农药的致命威胁！

一直以来，食物中农药残毒的问题备受争议。面对这些残毒，工业制造商们要么不屑一顾，要么矢口否认。如今，一种新的趋势诞生了：有人强烈要求，他们所吃的食物应该避免使用杀虫剂。而这些人却饱受非议，被视为“农业文盲”。然而，在这些争论中，真实的情况又是什么呢？

在医学上，有一点已经得到证实——我们发现，在滴滴涕时代（约一九四二年）到来之前，人体组织中并没有滴滴涕或其他同类物质的成分。正如我们在前面提到的那样，在一九五四年到一九五六年期间，我们从普通人群中采集的脂肪中发现，样品中的滴滴涕平均含量高达百万分之五点三到百万分之七点四。并且有证据表明，从那以后，人体内的滴滴涕比例持续上升到一个较高的数值。更有甚者，出于职业或其他特殊原因，还有一些人会直接暴露在杀虫剂的污染中。这些人体内的滴滴涕含量就更高了。

大多数人都不同程度地受到了杀虫剂污染的伤害还一无所知。对此，有人大胆地假设：这种滴滴涕是通过食物进入人体的。为了验证这一假设，美国公共卫生管理局组织了一个科学小分队。通过采集饭馆和大学食堂的食品样本，他们发现：每种食物都含有滴滴涕成分。因此凭借着充分的理由，调查者们得出结论："几乎所有的食物都含有滴滴涕成分，只是含量不同罢了。"

实际上，有很多食物都受到了污染。之前，公共卫生管理局做了一项独立研究。在对监狱膳食的分析中，研究人员发现，在炖干果中，滴滴涕的比例竟然达到了百万分之六十九点六；而面包中的滴滴涕比例更是达到了百万分之一百点九！

对很多家庭而言，肉和一些由动物脂肪制成的食品都是不错的选择。然而，这些食物中都含有大量的氯化烃残毒，因为它可以在脂肪中溶解。水果和蔬菜中的残毒似乎要少一些。这是因为人们在冲洗水果蔬菜时，同时也清洗了大部分的残毒。在冲洗蔬菜水果时，我们最好摘掉蔬菜外层的叶子，削掉水果皮。果皮或果壳应该直接扔掉，因为烹调并不能消除残毒。

食品和药物管理条例规定，牛奶是绝对不能含有农药残毒的。然而事实并非如此。无论何时对牛奶进行抽检，人们都会在牛奶中查出残毒。在奶油和奶酪制品中，残毒的含量是最大的。一九六〇年，检查人员对这类产品的四百六十一个样品进行了化验，结果表明，三分之一的样品中含有残毒。对于这个结果，食品与药物管理局也只是轻描淡写地说："情况不容乐观。"

在现实生活中，人们要想找到不含滴滴涕和类似化学药物的食物已经不可能了。除非隐居原始森林，甘愿放弃现代文明的舒适生活。并且这种地方已经为数不多，也许只剩下阿拉斯加和北极海岸的边缘地带了吧！即使到了这些地方，人们也感受到即将到来的污染。此前，科学家对爱斯基摩人的食物进行了调查，并未发现杀虫剂的踪影。然后，他们又从当地的活鱼、干鱼、海狸、白鲸、美洲驯鹿、麋、北极熊以及海象身上收集了脂肪和肌肉样品，还有一些植物样品，如蔓越橘、鲑浆果和野大黄等。最终，他们惊喜地发现，这些食物都没有受到污染。但是，这种惊喜却被一个小小的例外摧毁了——来自好望角的两只白猫头鹰体内含有少量的滴滴涕，这可能是它们在迁徙过程中沾染的。

当科学家们对一些爱斯基摩人身上的脂肪进行抽样分析时，他们在这些人体内发现了极少量滴滴涕残毒（百万分之零点一九）。原因很简单：科学家挑选的这些爱斯基摩人，都在美国公共健康服务中心做过手术。跟其他人口稠密的城市一样，这座城市的医院提供的食物中也含有滴滴涕成分。这些爱斯基摩人在“文明世界”逗留期间，他们已经被打上了“农药污染”的印记。

大多数情况下，农作物都被喷洒了“毒水”和“毒粉”。因此，我们的食物中，氯化烃的残毒是无法避免的。如果农民们能够遵守那些警告标识，那么，食物中的残毒就会大大减少，也就不会超过食品与药物管理处的标准。当然，我们暂且不谈这些所谓的标准究竟是否“安全”。我们只知道，在临近收割期的时候，农民们经常超标使用农药，而且到处喷洒，这充分说明，人们压根就不去看那些警告标识。

就连制造农药的工业部门也认为，农民们经常滥用杀虫剂。因此，我们有必要对农民们进行教育。最近，农用工业的一家主流商业杂志发表声明称:“如果农民在使用农药时，一旦用量超过了所推荐的剂量，农药就会摧毁农作物的耐药性。另外，面对五花八门的农作物，农民们可能一时心血来潮，乱喷一气。”

农民们的这种行为早就被食品与药物管理局记载了下来。后来，人们发现，这类记载的数量多如牛毛，不觉令人惴惴不安。在这些卷宗上，我们随处可见许多农民对那些警告置之不理。有一位种莴苣的农民，在临近莴苣收获期，竟然同时施用了八种不同的杀虫剂。还有一位蔬菜运输员在芹菜上喷洒了对硫磷这种含剧毒的药物。令人难以置信的是，他喷洒的药剂量是规定的五倍！虽然有关部门一再强调，禁止莴苣含有残毒。但是，种植者们依然我行我素，乐此不疲地喷洒狄氏剂。这可是所有氯化烃药物中毒性最强的药物啊！还有的农民在收获前一周往菠菜上喷洒了滴滴涕 。

当然，也有一些污染纯属意外。比如：在运输过程中，绿咖啡（它们通常被装在粗麻布袋中）也会被污染，因为货轮上还有一些其他的东西，比如杀虫药。船员们经常会将滴滴涕、γ-六氯环已烷或其他杀虫剂喷洒在仓库里的装有食物的箱子上。于是极有可能，这些杀虫剂会透过包装，进入这些食物中。时间一久，这些食物中的杀虫剂便会囤积。也就是说，这些食物在仓库中存放的时间越长，被污染的可能性就越大。

人们可能会问:“难道政府就不能保护我们吗？”这个时候，我们得到的回答往往是:“政府也爱莫能助。”在保护消费者免受杀虫剂危害的活动中，有两个原因限制了食品与药物管理局的职能。首先，该管理局只有权过问洲际贸易的食品，而对州内种植和买卖食物的行为无权过问，即使这种行为已经构成违法。第二，这个管理局的工作人员少得可怜——总共加起来还不到六百人！然而，他们却要从事如此繁杂的工作。据该管理局的一位官员透露，“在现有的设备条件下，我们只能对这些产品中的极少数（远远小于百分之一）进行抽样检查。这样一来，我们取得的结果并没有多大的参考价值。”至于那些在州内生产销售的食物，情况就更糟了。因为，在这个方面，美国大多数州郡根本没有完整的法律对其进行约束。

虽然食品与药物管理局对“污染”规定了一个最大容许限度（称为“容许值”）。但是，这个“容许值”有着明显的缺陷。如今，使用农药的人越来越多。于是，这一规定就成了一纸空文。这种情况反而造成了假象——农药安全标准似乎已经确立下来了，并且大家都在严格遵守。一方面，人们不停地在食物和作物上喷洒农药；另一方面，人们又在衡量这种做法的安全性。此时，很多人理直气壮地表示，没有一种毒剂是安全的。也有人认为，人们喷洒农药，其实并不想把毒剂喷洒在食物上。为了确定容许值，食品与药物管理局对动物做了一系列实验。首先，他们测定出了动物中毒的剂量并对结果进行了审核。最终，他们确定了最大容许值——这个值远小于引起动物中毒的剂量。设定这个容许值的初衷是为了确保人们的安全。不过，这个容许值并不符合现实，当前的生态环境已经被人类改造得面目全非了。而且，在实验中，动物是硬生生地将毒药吃下去的。然而实际情况并非如此。首先，人所接触到的农药不仅种类繁多，而且大部分都是未知的、无法测量的和不可控制的。比如，在一顿午餐中，人们所食用的莴苣中含有的滴滴涕可能只有百万分之七（这是一个“安全值”）。但是，除了莴苣，餐桌上还会有其他食物。很可能，这个人吃下的每一种食物中的滴滴涕含量都在“容许值”之内。但当我们把这些食物中的滴滴涕含量相加时，结果并不乐观——滴滴涕含量可能超过“容许值”了。另外，我们知道，在我们摄入的所有杀虫剂残毒中，通过食物摄入的残毒只是一部分，并且可能只是很少一部分。但是，谁都知道我们接触农药的时候很多。因此，这种积累肯定会让我们体内的农药含量高得惊人。这样的话，就食物中残毒量的“安全性”而言，单独讨论某一种食物是没有意义的。

在确定这些“容许值”之前，食品与药物管理局的科学家们会做出一些判断。有时候，这些“容许值”甚至违背了科学家们做出的正确判断。在本书后文中，我们将对这些科学判断进行说明。在确定这些“容许值”之前，他们并不太了解相关的化学药物。但是，在容许值确定之后，随着人们对这些药剂的了解逐步加深，这些“容许值”就不再被重视，甚至被人们遗忘。不过，那是在公众遭受化学药物危害多年以后，这些“容许值”才被遗弃。曾经有人给七氯定了一个容许值。后来，他们又不得不放弃使用这个容许值。人们在使用化学药物之前，都会进行登记。但是，对于在野外使用化学药物，人们并没有具体的分析方法。最终，人们寻找药物残毒的尝试还是失败了。这样一来，人们对蔓越橘业氨基噻唑的残毒检查工作面临着巨大的困难。杀菌剂通常会用来处理种子。与杀虫剂的情况相同，人们同样缺少分析方法。于是，在种植季节结束前，如果这些种子还没有被播撒到地里的话，它们很可能被端上餐桌，成为人们的食物。

事实上，确定容许值就意味着默许食物受到有毒化学物质的污染。对农民和农产品加工者而言，这种做法可以降低成本，实现更高的利润。但是，这对消费者并不是什么好事。消费者必须增加纳税以支持制定政策机构来查证落实他们是否会得到致死的剂量。不过，这项工作的花费可能要超过任何立法机构工作人员的工资。最后的结果就是：倒霉的消费者付了税钱，却仍然在摄入那些毒物。

那么，这些问题该如何解决呢？一开始，有人建议不再对氯化烃、有机磷组和其他强毒性化学物质设立容许值。但这一建议立刻遭到了反对。因为这样一来，农民身上的负担又加重了。如今，根据政府的规定，水果和蔬菜的滴滴涕含量不能超过百万分之七，对硫磷含量不能超过百万分之一，而狄氏剂的含量不能超过百万分之零点一。既然如此，人们完全能够以更加谨慎的态度处理残毒问题。事实上，对于某些化学药物，有关部门正是这样规定的。例如，在某些农作物中，像七氯、异狄氏剂、狄氏剂这样的药物残留是不允许存在的。既然我们可以杜绝上述农药残毒的存留，为什么不能杜绝所有农药的残留呢？不过，这个方法治标不治本。容许值如果只是写进文件里是没有什么价值的。当前，正如我们所知道的那样，在洲际运输的食物中，有百分之九十九以上的食物都避开了检查。因此，食品与药物管理局应该提高警惕性，更加积极主动，加大监测力度。同时，还应该扩编检查人员的队伍。然而，这种亡羊补牢的做法——先默许食物污染，然后再煞有介事地进行司法管理——不由得让我们想到刘易斯·卡罗尔作品中的“白衣骑士”。在故事中，这位白衣骑士总觉得自己的络腮胡子影响了容貌，于是有一天，他突发奇想——因为他有一把巨大的芭蕉扇，于是他把络腮胡子染成了绿色。并且在平日，他总是摇晃着这把扇子。因为芭蕉扇的颜色和胡子的颜色相近，所以，那些络腮胡子就不会被人看见了。其实我们都知道，解决问题的最好方法是不用或少用那些毒剂。只有这样，毒药对公众造成的危害才会越来越少。如今，已存在着这样一些化学物质：除虫菊酯、鱼藤酮、鱼尼汀以及其他一些来自植物体的化学药物。最近，人们又研发出了除虫菊酯的代用品。于是，人们再也不用担心除虫菊酯不够用了。但是，监管部门必须向百姓们讲明这些化学药剂的性质。如今的市场上，各种杀虫剂、灭菌剂和除虫剂数不胜数。通常，顾客并不知道哪些杀虫剂可能有致命的危险，或者哪些杀虫剂是比较安全的。

此外，我们在努力研制杀虫剂的同时，必须降低它们的危险性。那么，我们是否应该试着采用一些非化学的方法呢？现在，加利福尼亚的研究人员正在进行着相关试验。他们在研究一种细菌，这种细菌对抑制某种类型的昆虫具有高度针对性，使昆虫患上某种疾病。目前，他们正尝试将这种细菌运用到农业上，并且，他们正想办法进行推广。如今，在防治昆虫方面，人们很有可能不再需要往食物上喷洒药水，食物也就不会有残毒了（请参阅第十七章）。但是，在这些新方法尘埃落定之前，我们还不能高兴得太早。从目前的情况来看，我们面临的形势并不乐观。

## 第十二节　人类的代价

自工业革命以来，人们就开始生产化学药物。时至今日，化学药物的生产迎来了巅峰时代。结果，在最近几年，人们一直饱受“公共健康问题”的困扰。曾几何时，天花、霍乱和鼠疫等天灾肆意横行，人类苦不堪言。对于这些天灾，人们一直都束手无策。而且，全世界的人们都曾遭遇了这些天灾的侵害。曾经，很多生物给全世界带来各种传染性疾病。现在，我们再也不怕这些生物了。因为，在我们生活的这个时代，我们拥有更完善的卫生保障和更优越的生活条件。而且，人们还研发了一些新式药物。现在，面对这些传染性疾病，我们已经有了很多控制的办法。而现如今，一种前所未有的灾害正悄然潜入我们的生活。我们知道，人们现在的生活方式发生了很大的改变。正是因为这种改变，灾难才会降临到我们的头上。

如今，环境卫生出现了一系列新的问题。而这些问题是由多方面原因造成的。第一，各种辐射遍布我们的生存环境；第二，因为人类从未停下研制化工产品的脚步，形形色色的化学药剂如雨后春笋般出现在当今世界上。而我们之前提到过的杀虫剂只是其中的冰山一角。人们生产的这些化学药物正潜伏在我们所生活的世界中。它们以多种方式悄无声息地毒害着我们。面对这些化学药物的毒害，人们心中不免产生了阴影——这种阴影让人捉摸不透，却又让人望而生畏。至于这些药物最终将会给人们带来什么样的后果，我们真的无法预测。因为这些化学药剂的毒害是人类从未经历过的。

大卫·普莱士博士是美国公共卫生部的一位专家，经验丰富。他说："很多人都在担心，因为某种未知的威胁，我们的环境会急剧恶化。最后，人类将被自然界淘汰——就像恐龙那样，最终走向灭亡。"甚至有人认为，早在二十多年或更早以前，当这些化学药剂走进人类的生活时，我们的命运就已经注定了。这一说法，使得有前面那些想法的人更加忐忑不安。

那么，到底杀虫剂和目前生态环境中的疾病分布状况又有着什么样的联系呢？众所周知，人们使用这些杀虫剂的时候，土壤、水源和食物受到严重污染。于是，河里的鱼相继死去，林中的鸟也销声匿迹。虽然，人们不愿意承认，但这毕竟是事实：人是大自然的一部分。如今，人类制造的污染已经遍布整个世界。而作为大自然的一部分，面对这些污染，人类怎么可能逃脱得了干系呢？

研究表明，一旦人体长期被暴露在这些化学毒药中，毒素便会穿过免疫系统，在体内集聚。当积累到一定程度后，人们便会急性中毒。更有甚者，与杀虫剂长期近距离接触的人们，如农民、喷药工人和负责洒药的飞行员会突然发病，并且死亡。毫无疑问，这是令人痛心疾首的悲剧。这种事情根本就不应该发生！农药正在悄无声息地污染着我们的世界。如果有人不慎吞服了农药，即使是很少量，也会有致命的危险。并且，这种危害还具有潜伏期。因此，为了百姓的生命健康，我们必须加倍重视这一问题，研究解决对策。

负责保障公共健康的工作人员称："化学药物对生物的影响是长期的。并且，这种影响还能够累积。因人们在一生中摄入农药的剂量不同，这些药物对人的危害程度可大可小。"正因如此，人们往往很容易忽视这些危害。世界上有的事情就是如此：可能当时什么都不会发生，但在不久的将来，它们可能会带来很大的危害。对于这类事物，人们总是不以为然。莱因·迪博博士也是一位医生。他说："人们平时只重视那些症状明显的疾病。这样一来，那些对人类危害最大，但症状不明显的疾病就会乘虚而入，并给我们带来更大的潜在威胁。"

对于每个人而言，这个问题与我们密切相关。同时，这也是一个生态学问题。无意间，我们毒杀了飞在河流上空的一只昆虫。接着，河里的鲑鱼可能因此而死亡。我们毒死了湖中的蚊蚋。于是，通过食物链的传递，这些毒物从一环进入另一环。接下来，湖边栖息的鸟儿就变成了这些农药的牺牲品。我们向榆树喷洒药水，结果到了春天，我们再也听不到知更鸟的歌声了。虽然我们并没有直接向知更鸟喷药，但是这种毒物被喷洒在榆树叶上了。当蚯蚓吃了含有毒物的榆树叶后，毒素便进入了蚯蚓体内。知更鸟又吃了中毒的蚯蚓。最终，知更鸟也受到了药物的毒害。不仅文献这样记载，在现实生活中，这样的事情也比比皆是。通过这些连锁反应，我们可以发现生与死之间千丝万缕的联系——科学家们把它们作为生态学来研究。

其实，在我们的体内也存在着这样一个生态世界。在这个世界中，一些原本无关紧要的病原体却可能产生十分严重的后果。通常情况下，我们很难发现这些病原体与恶果之间的联系，因为病原体的位置往往离身体出现损伤的位置很远。近期，有人对当前的医学动态做了一个研究。之后，他们在总结里写道："在我们体内，哪怕是一个很小的部位，甚至是一个分子发生了变化，都可能影响到整个人体的正常运作。并且，这些变化虽小，但它们还会给予之毫不相关的器官带来病变。"人类的身体具有很强大的功能，十分神奇，但又非常神秘。有不少人一直在研究这些功能。然而这些人发现，原因和后果之间的联系很难通过简单的形式表现出来。在空间和时间层面，它们可能处于完全脱节的状态。如果我们想要发现一个人发病与死亡的原因，就必须将许多看似孤立的事实联系在一起。这个过程需要很大的耐心。并且，只有通过大量的研究工作，我们才能将这些事实联系在一起。

很多时候，我们只会注意到那些明显的、直接的影响。对于其他方面，我们总是不以为然。人们总是习惯性地否认危害的存在。除非有一天，这种危害突然出现在人们眼前。其实，研究人员也很苦恼——直到现在，他们还没找到合适的办法，探寻危害起源。所以，在一些病症出现之前，研究人员们依然没有找到探知病变的良方。在医学领域，这是依然是一个亟待解决的问题。

也许有人会说："我在草地上喷了好几次狄氏剂了，可是我从来没有感到不适，更谈不上晕厥。事情根本就不像世界卫生组织描述的那样恐怖。这样看来，狄氏剂对我并没有任何伤害。"然而，事情并没有那么简单。毫无疑问，对于一个处理过这类药物的人而言，毒物会在他身体内逐渐累积。虽然一开始的时候，他并不会出现一些突发症状，但是，经过日积月累，氯化烃贮存在人体里，并最终进入脂肪中。换句话说，只要体内有脂肪积存，就会有毒素积存的影子。最近，新西兰某医学杂志上就记载了这样一个例子：一天，有个人正在接受减脂治疗。突然，这个人出现了中毒症状。通过检查后发现，他的脂肪中含有大量累积的狄氏剂。在这个人减脂瘦身的过程中，这些狄氏剂进行了代谢，进而转化成了其他物质。这一现象也充分说明，有些人因某种疾病导致体重下降，也可能因代谢转化而急性中毒。

有的时候，毒物累积所产生的影响并不明显。我们知道，杀虫剂的残毒能够贮存在脂肪组织中，危害甚大。因此，美国医学会杂志在几年前就发出警告。该杂志称，相比那些当即发作的毒素，这种有累积性的药物更危险。在对待这类药物时，人们应该更加小心。该杂志还警告说，除了贮存脂肪（脂肪重量约占脂肪组织的百分之十八），脂肪组织还有许多非常重要的功能。而那些累积的毒物可能会干扰到这些功能。而且，脂肪的分布非常广泛——它们分布在全身的器官和组织中。它们甚至还是细胞膜的组成部分。因此，我们必须记住一点：杀虫剂具有脂溶性——它们可以借由脂肪，贮存到个体细胞中。另外，人体通过有氧运动和能量消耗维持生命必需的功能。而贮存的杀虫剂残毒会扰乱这些功能。显然，这是一个很严肃的问题。关于这个问题，我们将在下一章节进行详细论述。

氯化烃杀虫剂给肝脏带来的伤害十分严重。我们必须注意到，在人体的所有器官中，肝脏是最重要的，它的功能十分广泛。同时，肝脏也是人体必不可少的器官。因此，它的作用是无可替代的。在很多重要的机体活动中，肝脏都起着主导作用。因此，哪怕肝脏只是受到轻微的伤害，也可能会引发十分严重的后果。因为肝脏会分泌胆汁，从而消化脂肪。并且，肝脏处于重要的位置。通过一些特殊的循环，肝能够直接得到来自消化道的血液。于是，肝就参与到了主要食道的新陈代谢过程当中。肝脏以糖原的形式贮存糖，最终以葡萄糖的形式释放出定量的糖。这样，肝脏就能够保持血糖的正常水平。此外，它制造了身体中的蛋白质和一些十分重要的血浆成分。在血浆中，肝脏保持着胆固醇的固有水平。当雄性激素和雌性激素超过正常水平时，肝脏就钝化激素，维持身体平衡。再者，肝脏中还贮存着某些维生素。而这些维生素也有助于保持肝脏的正常功能。

一旦肝脏不能正常地发挥作用，那么，人体就失去了所有的保护——对于那些不断侵入人体的毒物，人体将无法有效防御。其中，有些毒物是人体新陈代谢的产物。这时，肝脏的防御功能便能迅速去除毒物中的氮，使人体免受毒素的侵害。不过，还有一些毒物是从体外侵入的“异形”。这个时候，肝脏就要大显身手了——它能立马分解这些毒物。马拉硫磷和甲氧基氯是一种杀虫剂。相比其他杀虫剂而言，它们的毒性要小得多。因为，经过了肝脏酶的处理，它们的分子结构发生了改变。这样一来，它们的毒性也随之减弱了。在日常生活中，我们会摄入大量有毒物质。而通过上述方法，肝脏处理了大部分有毒物质。

一直以来，我们的体内都有一道坚固的防线——它们抵抗着外来和本体产生的毒物。而现在，这道防线正在土崩瓦解。当我们的肝脏被杀虫剂伤害后，它就再也不能保护我们了。而且，肝脏本身的功能也被削弱。可以想象，后果十分严重，而且影响深远。不仅如此，由此产生的恶劣后果千变万化，人们在短期内无法觉察。这样的话，究竟是什么导致了某种严重的后果，人们也就很难做出判断。

如今，大多数人都在使用杀虫剂——这些杀虫剂会导致肝脏中毒。很明显，肝炎患者的人数在不断上升。这个趋势早在二十世纪五十年代就出现了。从此以后，这种态势就一直呈曲线上升。据报道，肝硬化患者的人数也在增加。虽然要找到导致某件事情发生的证据并不容易——相比拿动物做实验而言，在人类中得到证明就更加困难。虽然患肝脏疾病的人数增长了，肝脏中的毒物含量也随着环境的变化而增多；但是，人们普遍认为，这两者之间并没有直接联系。在当前的情况下，我们只接触到了某些毒剂。所以，对于“氯化烃究竟是不是引起肝脏疾病的主要原因”这一问题，我们还无从知晓。实验证明，这些毒剂会损害肝脏。另外据推测，它们还会降低肝脏对疾病的抵抗力。

通过大量的动物实验和对人类的观察，研究人员发现，氯化烃和有机磷酸盐（两种具有代表性的杀虫剂）都会直接影响到神经系统——虽然它们产生影响的形式有所不同。作为一种新型杀虫剂，滴滴涕是最先被人们广泛使用的。滴滴涕主要会对人的中枢神经系统产生影响。其中，小脑和高级运动神经外鞘是受影响的主要区域。

根据权威的毒物学文献记载，人类如果接触了一定量的滴滴涕，就会出现刺痛感、发热、瘙痒、发抖，甚至晕厥等症状。

来自英国的研究者做了一些研究，这让我们第一次认识到了因滴滴涕所引起的急性中毒症状。为了解滴滴涕可能带来的后果，他们有意把自己暴露在滴滴涕的环境中。另外，有两个科学家（来自英国皇家海军生理实验室）通过接触涂料墙壁——这些墙壁的涂料中含有百分之二的滴滴涕，直接被他们的皮肤吸收。随后，他们描述道："我们的的确确感觉到了困倦、疲劳，甚至四肢疼痛。当时，我们的精神状态非常不好，很容易受到外界的刺激，对任何事情都很反感。即使是做一些简单的思考，我们也感到自己的脑子不够用。这些痛苦都交织在一起，让我们喘不过气。"

还有一位来自英国的实验者，他曾在自己的皮肤上涂抹了滴滴涕丙酮溶液。后来，他在报告中写道："我感到四肢沉重，全身疼痛，肌肉疲软。而且，我感受到了明显的神经性痉挛。"休息了一段时间后，他的身体有所好转。但当他回到工作岗位后，他的状况又恶化了。之后，他又病倒了。他在床上躺了整整三个星期。期间，他感到四肢疼痛、失眠、神经紧张和极度忧虑。他的身体还会时不时地战栗。研究发现，鸟类受滴滴涕中毒和这种症状十分相似。连续十周，这位实验者都没法正常工作。又过了一个多月，英国的一份医学杂志对他的病例进行了报道。此时，他还未摆脱病魔对他的折磨。此外，也有来自美国的研究者们对志愿者进行滴滴涕实验。这些志愿者们也经常抱怨说"神经痉挛，浑身的骨头节儿都疼"。

研究人员整理了一些病例记录。在这些记录中发现，从发病症状和过程来看，杀虫剂是引发疾病的主要原因。这些“患者们”都曾暴露在有杀虫剂的环境中。当研究者们采取措施，将杀虫剂从环境中消除之后，这些“患者”的病状就会消失。更令人感到惊讶的是，“患者”只要再和这些化学药物接触，病情就会复发。我们在治疗某种疾病时，往往需要有据可依。而对于因杀虫剂所造成的疾病，这些证据显然已经足够了。它们完全能起到警告作用——在我们生活的环境中，杀虫剂残毒的存在是一件危险的事情。我们不应该继续这种愚蠢的冒险。

如今，有很多人都在使用杀虫剂。其中，因此而患病的大有人在。但是，我们惊奇地发现，每个人的病症都不相同。之所以会出现这种情况，是因为“个体敏感性”存在差异。据调查，女性比男性更敏感；青少年比成年人更敏感；那些常年久坐室内的人比那些经常在室外劳动的人更敏感。除了这些不同之外，还有一些更加客观的差异，尽管毫无规律可循。比如：有些人会对粉尘或花粉过敏；有些人会对某种毒物更为敏感；而有些人更容易被某种传染性疾病感染。时至今日，在这些问题上，医学界仍没有找到背后真正的原因。但是，这些问题是客观存在的，影响着许多人的健康。有一位医生说，在他的病人中，至少有三分之一表现出某种过敏症状。并且，这些人的数量还在不断增长。可怕的是，人体在对某种药物“过敏”的同时，也在慢慢“适应”这种药物，从而产生对这种药物的“抗过敏性”。实际上，据医学人员研究证明，人们如果长期接触某种化学药物，这种“抗过敏性”就随之产生了。因为职业需求，有些人经常会暴露在含有某种化学药物的环境中。此前，有人对这类人进行了一些研究。但是，研究人员并没有在这些人身上发现任何中毒的迹象。很有可能就是因为这些人已经产生了“抗过敏性”。这正如一个变态反应学者通过给病人反复地用小剂量注射致敏药物，而使他的病人产生抗过敏性一样。

对于动物的实验样本，人们一直严格控制着它们的生长环境。所以长期以来，它们只暴露在一种化学药物之中。但是人类的情况就不一样了。因此，在研究杀虫剂毒性的时候，我们举步维艰。如今，我们的化工市场上充斥着各式各样的杀虫剂。而我们仅能发现几种具有代表性的品类。当我们将这些杀虫剂混合起来时，巨大的化学作用随即爆发。不仅如此，当杀虫剂进入土壤、水或人体血液之后，它们会发生变异。这样一来，就像催化剂一样，一种杀虫剂的变化可能使另一种杀虫剂的危害性变得更大。

这种相互作用也可能存在于两种主要的杀虫剂之间。通常情况下，人们认为，它们是完全独立地在起作用。众所周知，氯化烃对肝脏危害巨大。如果人体长期暴露于氯化烃中，那么，有机磷毒物的毒性便会更大。（有机磷类毒物会对胆碱酯酶起作用，而胆碱酯酶能够保护神经）——当肝功能被破坏以后，胆碱酯酶在体内的含量就会降低到正常值以下。此时，有机磷作用便会增强，以至出现一些严重症状。我们知道，当两种有机磷相互作用时，它们的毒性会陡增百倍。并且，有机磷可以与各种医药、人工合成物或食物添加剂发生相互作用。我们知道，有一些化学物质本身是没有毒性的。但当它们与另一种化学物质相互作用时，情况就大不相同了——这种相互作用可能让这两种物质都带上剧毒。甲基氯氧化物（滴滴涕的同类）就是一个很好的例子。（实际上，实验证明，甲基氯氧化物是有毒性的。最近，通过对实验动物的研究，科研人员发现，甲基氯氧化物会对子宫产生直接作用，并对一些黏液性激素有阻碍作用——这再一次提醒我们：在生物学上，这类化学物质会产生极大的影响。还有研究结果表明，甲基氯氧化物会毒害肾脏。）当单独摄入甲基氯氧化物时，它们并不会大量蓄积于体内。因此，我们得出结论：甲基氯氧化物是一种安全的化学物质。不过，这种说法未必符合实际。如果肝脏因其他原因遭到了损害，那么，甲基氯氧化物就会蓄积在人体内。并且，其含量是正常含量（肝脏正常状态下）的一百倍。这样一来，和滴滴涕一样，它将对神经系统产生长期影响。然而，肝脏受损的症状并不明显，因此很容易被人忽视。当然，在日常情况下也可能产生这样的结果。比如，当我们在使用另一种杀虫剂或者某种洗涤液（含四氯化碳）时，抑或服用镇静药时，都有可能产生这样的结果。这些东西大部分（不是全部）都属于氯化烃，并且会损害肝脏。

当然，神经系统受到损害有很多种，既可能急性中毒，也可能是后遗症作怪，因为甲基氯氧化物和其他化学物质对大脑和神经造成的损害是长期的。这早有报道。狄氏剂可以使人急性中毒，此外，它还会给人带来一系列的后遗症——健忘、失眠、做噩梦，甚至癫狂。医学研究发现，六氯联苯会大量地累积在大脑和重要的肝脏组织中。它们会诱发“对神经系统的长期后遗作用”。雾化器是目前最常用的农药处理设备。通过这种设备，一些挥发性杀虫剂，如六氯联苯等，变成蒸气后便能够轻易地侵入屋舍、饭店和办公室。

长期以来，人们一直认为有机磷只会引发急性中毒。其实，它也会对神经组织产生后遗性的物理损害。而且，它还会引起神经紊乱。随着各种杀虫剂的问世，各种各样的后遗性麻痹症也相继出现。在二十世纪三十年代，那时正值禁酒令大行其道。美国发生了一宗离奇事件。这次事件对后续事件而言，简直就是一个预兆。导致这件奇事发生的，并非杀虫剂，而是一种与有机磷同类的物质。那个时候，人们为了逃避禁酒令，使用了一些医用药物作为酒的替代品。牙买加姜就是众多替代品中的一种。由于药用酒精产品造价昂贵，于是，无良的生产商们想出了一个主意——用牙买加姜作为替代品。他们的手法巧妙至极。最终，他们的假货通过了化学检验，并且骗过了政府委派的化学专家。为了给他们的“酒”（牙买加姜）增加必要的气味，他们又加入了三原甲苯基磷（化学物质）。和马拉硫磷一样，三原甲苯基磷会破坏胆碱酯酶。后来，有一万五千人因此而患上腿部肌肉麻痹症，失去了健康的双腿。（现在，我们称这种病为“姜瘫”）——仅仅因为他们饮用了那些“假酒”（牙买加姜）。除了这种麻痹症，还有人患有两种不同的症状——神经鞘受损，以及脊骨索状组织的原生质发生细胞病变。

在之后的二十年间，各种各样的有机磷被制成杀虫剂。随后，这些杀虫剂成了人们驱除害虫的不二之选。在这之后，又出现了很多新病例。而这些新病例不禁又让我们想起“姜瘫”的那段历史。有一位来自德国的工人，他在种植作物的温室里使用马拉硫磷之后，会经常出现一些中毒症状。接下来的几个月里，他一直被这种“温柔”的中毒症状所困扰。后来，他就出现了麻痹症。此外，有一群化工厂的工人——他们长期暴露在有机磷中。最后，他们全都深度中毒。不幸中的万幸，经过治疗后，他们的病情开始好转。不过，十天以后，其中两人出现了腿部肌肉萎缩。其中有一个人更是过了十个月才最终摆脱这种症状。但另一位患者——一位年轻的女化学家，就不那么幸运了——她不仅两腿瘫痪，而且她的手臂也被毒药严重侵蚀。两年后，一份医学杂志报道了她的病例。可是，她仍然无法工作。

之前，市场上的很多杀虫剂都可能造成上述的病症。不过现在，这类杀虫剂已经退出了市场。但是，现在市场上出售的某些杀虫剂可能具有同样的"杀伤力"。马拉硫磷一直是花园工人的最爱。但是，在对小鸡进行实验后，研究人员发现，马拉硫磷会导致严重的肌肉萎缩。正如"姜瘫"一样，这个症状是因坐骨神经鞘和脊骨神经鞘受损所致。

此前，有不少人因有机磷酸盐而中毒。即使他们没有丧命，这种中毒症状也是一种前兆——某种"恶化"即将到来。这些杀虫剂侵蚀着人们的神经系统。最终，它们必然会与精神疾病产生某种联系。最近，墨尔本大学以及墨尔本亨利王子医院的研究人员就已发现了这种联系。他们报道了十六个精神病例。在这些病例中，所有病患都曾长期暴露于有机磷杀虫剂中。其中，有三名病患是科学家，他们主要负责核查喷药效果；有六名病患在温室工作过；另外，有五名病患是农场工人。他们的症状主要有：记忆衰退、痴呆和感到郁闷。长期以来，这些人都在使用或接触农药。而到了最后，这些农药却又损害着他们的身体。而在他们病倒之前，他们的体检记录都很正常。

据悉，在各种医药文献中，与此类似的情况还有很多。其中，氯化烃和有机磷可以说是“罪魁祸首”。为了暂时消灭一些昆虫，人们付出了沉重的健康代价——错乱、幻觉、健忘、狂躁。如果我们继续使用这些化学药物，那么，我们将为此付出更多，甚至更为惨痛的代价。

## 第十三节　通过一扇狭小的窗户

乔治·沃尔德是一位生物学家。曾经，他把一项研究课题——“眼睛的视觉色素”比作“一扇狭小的窗户”。——如果一个人离窗户比较远，那他就只能看见窗外的一点点亮光。但是，他越靠近窗户，他能看到的景色就越多。而当他贴近窗户时，透过这扇狭小的窗户，他就能将整个宇宙尽收眼底。

这样看来，在我们研究工作中首先应该关注的，是人体的个别细胞；然后，再从微观入手研究细胞内部的结构；最后，重点研究这些结构内部最根本的反应。在我们的日常生活中，一些化学药物会侵入到我们体内——对此，我们竟然毫无察觉。并且，这些药物会给我们体内的生态平衡造成严重危害——这种影响往往是持久的。所以，在研究工作中，只有通过这种方式，我们才能更好地注意到这些影响。

我们知道，单个细胞会产生一些能量——这种能量是维持生命所必不可少的。人体内能量产生的非凡机制不仅仅对健康来说是个根本问题，对整个生命也是如此。这个过程不仅有利于健康，也能够帮助人们延年益寿。通过有氧运动，这些细胞单体就能产生能量。但如果人体无法进行有氧运动，那么，体内的其他机能都将相继失效。这样看来，比起其他任何器官，有氧运动的作用无疑更强大，也更重要。现在，市场上有很多化学药物都可以用来消除昆虫、啮齿动物和野草。但是，它们都会对人体细胞的有氧运动造成严重破坏。

人们付出了很多努力，也做了很多研究工作。正因如此，人类对细胞的有氧运动才有了今天的认识。毫无疑问，在生物学和生物化学中，这些研究成果足以让人激动不已。在这些研究工作中，有很多人倾注了自己的心血。其中的一些人成了诺贝尔奖获得者。在开展这些研究工作之前，也有很多先驱者们做了一些前期研究——它们正是现在这些研究工作的奠基石。在近三十年的时间里，研究人员们孜孜不倦，一直致力于推动这些研究工作的发展。如今，还有一些细节值得人们探讨。近十年以来，这些研究工作终于形成了一个有机的整体。通过不懈努力，生物学家们终于普遍认识到"生物氧化作用"的存在。 而它一旦遭到破坏，便会对人体造成严重的危害。在一九五〇年以前，即使是具有一定医学知识的医护人员，都无法体会到这种危害的严重性。

在人体内提供生命能源的是细胞，而并非某种器官。活细胞就像火焰一样，源源不断地提供着生命所需的能量。这个比喻诗意十足，但并不准确。人体要维持正常体温，就必须产生适当热量——只有在这种热量条件下，细胞才会"燃烧"。于是，这些"火焰"就能提供生命所需的能量。化学家尤金·拉宾诺维奇说："如果这些

‘火焰’停止燃烧，那么，心脏将停止跳动，植物将停止生长，变形虫将不再蠕动，神经将失去知觉，大脑将停止思考。”在细胞中，物质转化为能量是一个循环往复的过程——就像车轮转动一样。比如，葡萄糖在转化为能量时，也经历了这种循环——在这个过程中，这些葡萄糖发生了有规律的化学变化，并且受酶支配。这个过程会产生能量，也会排出废物（二氧化碳和水）。之后，“燃料分子”又进入下一阶段。最终，这些分子呈现出一种全新的状态。这时，它们可以与新分子结合，重新开始循环。

这个过程简直就是生命的奇迹！在这个过程中，细胞像化学工厂一样进行生产活动。细胞本身是很小的，而它发挥作用的部分更小，只有借助显微镜才能看到。氧化作用的大部分过程都是在很小的空间内完成的。我们称这个空间为线粒体，它存在于细胞内部。六十年前，人们就已经知道线粒体。但是，人们一直认为线粒体并不重要，因此就忽视了它的存在。到了二十世纪五十年代，人们开始研究线粒体，并且取得了丰硕成果。短短五年间，关于“线粒体”的研究课题，人们就发表了一千篇论文。

人类揭开了线粒体的奥秘，再次表现出卓越的才能和顽强的毅力。因为人们就算用三百倍显微镜，也难以看到这种微粒。现在电子显微镜能够帮助人们单独取样并分析这种微粒，甚至能够发现它们复杂的功能。这简直难以想象！

研究发现，线粒体体外包裹着多种酶——这些酶在氧化循环过程中是必不可少的。它们有序地排列在线粒体的体壁和间隔上。线粒体还是一个“动力室”，大部分的能量都源自这里。首先，氧化作用在细胞浆中进行。随后，“燃料分子”进入线粒体进行“燃烧”。至此，整个氧化作用完成。随后，线粒体将释放出大量能量。

在线粒体中，周而复始的氧化作用为生物机体源源不断地提供能量。氧化循环的每个阶段都会产生能量。通常，这种生物能量都被生物化学家称之为ATP（腺苷三磷酸）——它包含三组磷酸盐。ATP之所以能提供能量，是因为它能够将其中一组磷酸盐转换为另一种物质。在这一过程中，“电子”的传递就产生了能量。比如，在肌肉细胞里，当末端的磷酸盐输送到收缩肌时，就能够产生收缩所需的能量。这就形成了一种“循环中的循环”——ATP会释放一组磷酸盐，保存另外两组磷酸盐，随后变成二磷酸盐分子ADP；然后，另外一个磷酸盐组又会与之结合。于是，又形成了强有力的ATP。这就像我们使用的蓄电池——ATP代表充电的电池，ADP代表放电的电池。

在自然界的万物中，ATP无处不在，其主要的功能便是传递能量，并为肌肉细胞提供机械能，为神经细胞提供生物电能。ATP还会为精液细胞、受精卵（ATP传递能量的活动将使受精卵长成青蛙、鸟或婴儿）以及分泌激素的细胞提供能量。ATP蕴含着巨大生物能。其中，少部分贮存在线粒体内部，而大部分则被细胞吸收，并为细胞活动提供能量。在某些细胞中，线粒体凭借着它在细胞中得天独厚的位置，能最大化发挥能效，能量精准地到达需要传递的各个位置。在肌肉细胞中，它们成群出现，环绕在收缩肌纤维周围。在神经细胞中，它们位于与其他细胞的邻接处。在兴奋脉冲的传递过程中，它们负责提供能量。在精子细胞中，它们集中在首尾相接的部位。

给 ATP —ADP“电池”充电时，其原理与氧化作用中的偶合过程类似。在这对“电池”中，ADP 和磷酸盐组又结合成 ATP。这个结合过程就是人们通常所说的“偶合磷酸化作用”。如果这个结合过程变成非偶合性的，那就意味着能量供给不足。这种情况下，人还能呼吸，却无法产生能量；细胞只能发热却不再产生动能；肌肉无法再收缩；脉冲也无法继续发挥作用；精子无法与卵子结合。受精卵也无法完成它的使命。因此，对于所有生命体而言，非偶合化是一个实实在在的灾难——它可能会造成组织，甚至整个机体的死亡。

那么，非偶合化状况是如何出现的呢？研究发现，放射性会破坏偶合作用。有人认为，当偶合作用遭到破坏后，暴露于放射线中的细胞就会死亡。可怕的是，大量的化学物质都会阻断氧化作用（能量源泉）。其中，杀虫剂和除草剂就是典型代表。众所周知，苯酚在新陈代谢中起着重要作用。它会使体温升高，这具有潜在致命危险。苯酚之所以会使体温升高，正是因为非偶合作用的影响。其中，二硝基苯酚和五氯苯酚就是典型代表。它们都是除草剂。另外，据研究发现，滴滴涕也会破坏偶合作用。滴滴涕是氯化烃中的成分。如果进一步研究，那么在这类物质中，人们可能能够发现其他的破坏因素。

不过，非偶合作用并不是扑灭细胞“火焰”的唯一原因。我们知道，氧化作用是在特定的酶的支配下进行的。其中，当任何一种酶被破坏或被削弱时，细胞中的氧化循环就会停止。任何一种酶受到影响，其后果都是一样的。循环氧化过程就像一只转动的轮子。

如果我们将铁棍插在轮子的辐条——任意两根辐条中间，其结果都是一样的。同样，在这个循环过程中，处于任何点上的酶一旦遭到破坏，氧化作用就将停止。此时，细胞也无法再产生能量。其结果与非偶合作用的结果非常相似。

通常情况下，许多被用作杀虫剂的化学物质就像上述的“铁棍”一样，插入氧化循环“车轮”的辐条之间，破坏氧化作用。滴滴涕、甲氧氯、马拉硫磷、吩噻嗪和各种二硝基化合物都是杀虫剂，因此都会阻断氧化作用循环。而如今，使用这些杀虫剂的人与日俱增。毫无疑问，它们的潜在危险可以给人类带来巨大伤害。它们会阻止能量产生的整个过程，并消耗细胞中的可用氧。这将给人类带来大量灾难性的后果。而由于篇幅限制，本书中所介绍的只是冰山一角。

通过系统地抑制氧供应，实验人员就能将正常细胞转化成为癌细胞。我们将在下一章详述这部分内容。在一些对动物的实验中，研究人员对正在发育的胚胎做了一些试验。从中他们发现，消耗细胞中的氧会造成严重的后果。并且由于缺氧，人体中相当一部分规律性的生物过程就会遭到破坏。而这些过程对组织生长和器官发育十分重要。如果继续下去，就有可能导致人体畸形。更有甚者，如果人类的胚胎缺氧，那就会导致先天畸形。

有迹象表明，这类灾难发生的频率越来越高。人们也开始意识到了这一点。当然，没有人期望能发现其背后的全部原因。一九六一年，人口统计办公室做了一项“关于全国新生儿畸形状况”的调查。调查表上附有一个说明：该调查结果所提供的数据属实，足以用于描述出现先天畸形的区域范围，包括生产环境。毫无疑问，若要进行这些研究，就必须测定放射性影响。不过，化学药物也同样具有放射性，这是不容忽视的。人口统计办公室称，“未来，有一些孩子可能会出现一些缺陷甚至畸形。这都是由那些化学物质造成的”。

生殖能力衰退时会引发一些症状。而这些症状与生物氧化作用的紊乱有联系，并且与 ATP 的消耗相关。在受精之前，卵子就需要大量的 ATP 供给，以应对随之而来的能量消耗。受精作用会消耗大量的能量。精子细胞想要进入卵子还得取决于其本身的 ATP 供应量。在精子颈部存在着一些线粒体。这些 ATP 就产生于这些线粒体中。受精过程完成后，细胞就开始分裂。在很大程度上，ATP 供给的能量将决定胚胎发育的过程。胚胎学家研究了青蛙和海胆的受精卵，他们发现，如果 ATP 的含量低于极限值，这些受精卵将停止分裂，并很快就会死亡。

你可知道，胚胎学实验室和苹果树之间也存在着某种联系。在这些苹果树上的知更鸟窝里保存着它的蓝绿色的全部鸟蛋，不过这些蛋冰凉地躺在那儿，生命之火闪烁了几天之后已经熄灭了。在佛罗里达松树顶部，有一堆整齐的树枝——这也是一个鹰窝，里面有三个很大的鸟蛋。可是，这些蛋也是毫无生气。为什么知更鸟和鹰不去孵蛋呢？在实验室中，青蛙卵因缺少 ATP（能量传递物）而停止了发育。这些鸟蛋是否也如此呢？在这些鸟和鸟蛋内，研究人员确实发现了一些农药的残毒。而这种残毒的剂量足以使提供能量的氧化作用失效。

很明显，比起观察哺乳动物的卵细胞，检查鸟蛋容易得多。不管这些鸟蛋是处于实验室条件下或是生于野外，只要检测结果含有农药残毒，就表明这些鸟蛋含有大量的滴滴涕及其他烃类成分。在加利福尼亚州，有人对雉蛋进行了实验。他们发现，滴滴涕的比例竟高达百万分之三百四十九。在密歇根州，研究人员找来了一些因滴滴涕中毒而死的知更鸟。从它们的输卵管中，研究人员取出了鸟蛋。他们发现，滴滴涕的比例竟然超过百万分之两百。因此，他们得出结论：知更鸟中毒死亡后，那些遗留在鸟窝中的蛋也含有滴滴涕成分。有一些农场会使用艾氏剂，于是邻近农场的鸡也中毒了。这些毒物残留最终污染了鸡蛋。有人对母鸡进行实验，给它们喂食滴滴涕。结果发现，在这些鸡下的蛋中，滴滴涕的比例竟然高达百万分之六十五。

我们知道，通过钝化一些特定的酶，抑或是破坏产生能量的偶合作用，滴滴涕和其他的（甚至是所有的）氯化烃会阻断产生能量的循环过程。因此，我们很难想象，一颗含有大量残毒的鸟蛋该如何孕育生命——首先，细胞进行多次分裂；接着，组织和器官要合成一些关键物质；最后，一个鲜活的生命随之产生。而这一切都需要大量的能量——新陈代谢不断循环，从而产生了 ATP 的线粒体。

这类灾难性事件既然能够发生在鸟类身上，也就有可能发生在任何生命体身上。新陈代谢的循环会产生 ATP，并负责传递能量。无论是对于鸟类、细菌，还是对于人类或老鼠，这种循环都有着相同的效果。研究表明，杀虫剂会在所有生物的胚胎细胞中累积。这意味着人类将面临一场前所未有的浩劫。

这些化学药物能够进入到产生胚胎细胞的组织中。这也就意味着，它们能进到胚胎细胞中。在雉鸟、老鼠和豚鼠（它们是人类想要剿灭的对象）的体内，在知更鸟（它们生活在喷洒过药水的榆树林中）的体内，在鹿（它们生活在喷洒过药水的西部森林中）的体内，在各种鸟类和哺乳动物的生殖器官中，研究人员发现了杀虫剂残毒的累积。在对一只知更鸟做研究时，研究人员发现，其睾丸中的滴滴涕含量高于其体内任何部位。雉鸟的睾丸中也累积了大量滴滴涕，其比例超过百万分之一千五百。

在对一些哺乳动物进行实验时，研究人员发现，由于滴滴涕在生殖器官中不断积累，这些动物的睾丸最终萎缩。在这些动物中，小老鼠在甲氧氯中暴露的时间最长，因此睾丸非常小。当小公鸡食用一段时间的滴滴涕后，其睾丸只有正常大小的百分之十八，而其鸡冠和垂肉（依靠睾丸激素发育）只有正常大小的三分之一。

不仅如此，细胞缺少 ATP 也会影响到精子本身。实验表明，如果人体摄入二硝基苯酚，精子的活力将大幅衰退。因为能量的偶合机制遭到了破坏，能量供应被削弱了。人们研究了许多类似的化学制剂后发现，它们大多具有相同的作用。因此，这些灾难也会降临到人类的头上。这些对人类可能带来影响的迹象可以在有关精子减少的医学报告中，或在精子产生的衰减中，或在喷洒滴滴涕的农业航空喷雾器中看到。

对于人类而言，比生命更宝贵的是我们的遗传基因，因为这是联系我们的过去和未来的纽带。通过漫长的进化演变，基因造就了人类，并决定着人类的未来。如今，我们面临的更为紧迫的威胁竟是我们自己一手造成的。对于人类文明而言，作茧自缚无疑是最大的威胁。

再次，化学药物和放射作用表现出了它们惊人的相似之处。

放射性作用使活体细胞受到各种伤害——它正常分裂的能力可能遭到破坏；它的染色体结构可能被改变；或者，基因可能会经历突变，这种突变将使细胞产生新的特征。如果细胞是极为敏感的，那么它们可能立刻会被杀死。否则，这种细胞最终将变异成恶性细胞。

研究人员对大量化学物质（其具有类放射性和类放射作用）进行了一系列实验。通过这些实验，他们再现了这些放射性作用可能带来的危害。许多农药、除草剂或杀虫剂都属于这一类物质。它们能够破坏染色体，干扰正常的细胞分裂，或者引起细胞突变。对于暴露在农药中的个体生物而言，这种伤害将使其患病，也可能影响其后代。

数十年前，没有人知道放射性竟然还有这些消极影响，也没有人知道这类化学物质的作用。那个时候，人们还无法分离原子，也没有化学家能够发现这类化学物质。一九二七年，得克萨斯大学动物学教授赫尔曼·丁·马勒博士发现，将有机体暴露在X射线中，它就能在以后的几代中发生突变。马勒教授的这一发现开拓了科学和医学知识的新领域。后来，马勒也因为一些成就而获得了诺贝尔生理学或医学奖。如今，即使你不是科学家，也应该知道放射性的潜在危害。

二十世纪四十年代初，人类又有了一个新的发现。尽管对此很少有人注意。在爱丁堡大学，卡路特·巴克和威廉·罗伯逊在对芥子气的研究中发现，这种化学物质造成了染色体的永久性变异。一时间，他们无法区别这种变异与放射性所造成的变异。后来，他们对果蝇进行实验（在马勒的早期研究中，他也曾用这种生物分析他的X射线产生的影响）。他们发现，芥子气也引起了果蝇的突变。至此，人们发现了第一种化学致变物。

如今，已有很多化学物质与芥子气具有同样的致变作用。并且，人们发现，它们能够改变动植物的遗传基因。如果想要了解化学物质如何改变遗传过程，我们必须首先了解的是，当生命处于活细胞阶段时，基础演变处于何种状态。如果生命要延续，那么细胞就必须不断增殖。细胞的有丝分裂或核分化过程有助于发挥这些作用。在一个即将分裂的细胞中，那些重要的变化首先发生在细胞核内，最后扩展到整个细胞中。在细胞核内，染色体会发生分裂。这有利于染色体重新排列。最后，这种排列方式可以将基因传递给新生细胞。通过这种方式，每个新生细胞都将含有一整套染色体，它包含着所有的遗传信息密码。这样，生物类别的完整性就保留下来了，也就有了我们经常所说的“龙生龙，凤生凤，老鼠儿子会打洞”。

在胚胎细胞的形成过程中，我们可以发现一种特殊的细胞分裂。对于一定种类的生物而言，其染色体的数目是一个常数。所以，卵子和精子结合后会形成新个体，而它只能携带一半数目的染色体进入到新的结合体中。借助于染色体行为的变化，这一过程完成得十分顺利。而这一染色体变化是在细胞分裂过程中体现的，该过程会产生新细胞。在这个过程中，染色体自身并不分裂。但是，每对染色体中会分离出一个染色体，它会完整地进入每一个子体细胞。

通过细胞，我们能够发现生命发展的关键点。对于地球上所有的生命而言，细胞分裂的过程都是一样的。无论是人还是变形虫，无论是水杉还是酵母的细胞，如果没有了细胞分裂作用，它们都将不复存在。因此，对于生命体的发展及其延续而言，任何妨害细胞有丝分裂的因素都是一个严重的威胁。

“有丝分裂是一些细胞组织的主要特征，其在地球生物界已有五亿年，也许接近十亿年的历史了。”乔治·盖劳德·辛普森和他的同事皮腾卓伊和蒂法尼在他们的《生命》一书中写道，“生命世界虽然不堪一击而且复杂多变，但是，从时间的角度看，它却如此地经久不衰，甚至比山脉还要持久。这种持久性完全归功于遗传信息传递的精确性。”

二十世纪中期，人为散布的各类化学物质给人类带来了前所未有的威胁。在千百万年的历史进程中，“遗传信息的精确性”从未经历过这种威胁。麦克华伦·伯内特先生是澳大利亚的一位卓越的医生，也曾是诺贝尔奖的获得者。他认为，这是我们时代的“最有意义的医学特征之一”。作为一种治病手段，化学药物越来越有效。但是，化学药物的副产品——残毒，却日益危害着人体的内脏器官。

人们对染色体的研究还处于初始阶段。直到最近，人们才有可能去研究环境因素对染色体的作用。一九五六年，由于新技术的出现，人们终于能够精确地认定人类细胞中染色体的数目（四十六个）。并且，人们可以细致地观察这些染色体。通过观察，我们可以发现整个染色体或部分染色体的完整性。“环境因素会对遗传造成危害”——这个概念比较前卫。因此，除了遗传学家，很少有人能够理解它。所以，对这些遗传学家们的意见，人们向来都不以为然。如今，人们已经意识到了放射性危害。即便如此，在某些场合下还是有人不愿承认。马勒博士慨叹道："现在怎么还有那么多政府要员，甚至医学专家都不愿接受遗传学说啊！"很少有人知道，化学物质可以产生与放射性物质相同的效果。这件事也只有小部分医学工作者和科学工作者了解。因此，对于常用的一些化学物质（一般是指实验室中的化学物质），人们至今都没有做出评价。不过，这些评价很有必要，也很重要。

除了麦克华伦先生，还有人也预估了这种潜在危险。彼得·亚历山大博士是来自英国的一位权威人士。他曾说过："化学制剂与放射性物质对人类的影响如出一辙。这可能意味着，化学制剂的危险程度远远大于放射性元素。"几十年来，马勒博士在基因方面研究可谓硕果累累。据此，他警告："各种化学物质（包括以农药为代表的那些化学物质）都能提高突变的频率，而提高的频率可能和放射性引起的一样多。如今，人们一直暴露在这些化学物质中。因此，我们的基因也受到了很大的影响。但是，我们竟对此竟浑然不知。"

起初，人们对化学致变物的探索纯粹出于学术兴趣。因此，这也导致人们普遍地忽视化学致变物的问题。人们将氮芥子气用于治疗癌症，但应用的场所大多是在实验室，因此普通百姓并不会与其经常接触。（最近，有报道称，医生已通过这种方法治疗那些染色体受损的病人。）但是长期以来，人们已频繁地暴露在杀虫剂和除草剂的恐怖之下了。

通过努力，我们能够收集到一些关于农药的专业资料。这些资料显示，这些农药通过多种方式阻碍着细胞的正常运转——从染色体损伤到基因突变。并且，这些症状会带来灾难性的后果。

研究人员在对蚊子进行研究时发现，有一些蚊子长期暴露在滴滴涕中。持续几代后，它们最终雄雌同体。

在经历多种苯酚处理过后，一些植物的染色体遭到了严重毁坏。其基因发生变化，出现了大量突变和“不可逆的遗传改变”。当遇到苯酚作用后，果蝇也发生了突变。这些突变十分危险——就像把它们放在除草剂或尿烷中一样。最后，它们看起来奄奄一息。尿烷是氨基甲酸酯的同类。人们为了防止储藏中的马铃薯发芽（确切地说，是中断它们细胞的分裂作用）通常会使用两种氨基甲酸酯。马来酰肼就是其中之一。它是一种强大的致变物。

经六氯联苯（BHC）或 $\gamma$ - 六氯环己烷处理过的植物形态千奇百怪。并且，它们的根部会有一种块状突起物，形似肿瘤。这些植物的细胞体积变大了——这是染色体数目倍增的结果。在细胞分裂过程中，这种现象将会持续下去。直到最后，由于细胞体积过大，细胞停止分裂。此时，该现象才会终止。

除草剂 2,4-D 也能使植物产生肿块，使染色体变短、变厚，并使之聚积在一起。此时，细胞的分裂受到阻碍。这种影响与 X 射线所产生的影响十分相似。

上述这些例子只是冰山一角。如果愿意，我们还可以列举成千上万种类似的例子。迄今为止，还没有人对农药的致变作用进行研究。上述事实都是在细胞生物学或遗传学研究过程中的意外收获。人们已经迫不及待地想要对此问题进行研究了。

一些科学家愿意承认放射性环境对人体存在潜在影响，可是他们却在怀疑致变性化学物质是否也具有这种作用。他们找出了大量有关放射性侵入机体的证据，然而却怀疑化学物质能否到达胚胎细胞。我们再一次被这样一个事实所阻拦，即对这一人体内的问题我们几乎没有直接的证据。然而，在鸟类和哺乳动物的生殖器官和胚胎细胞中，研究人员发现了大量滴滴涕成分——这就是一个很有力的证据。这至少说明，氯化烃不仅广泛地分布于生物体内，而且已与遗传物质接触。最近，来自宾夕法尼亚州立大学的D·E·戴维斯教授发现，那些化学药物虽然能阻止细胞分裂，同时也能治疗癌症，但也能使鸟类不孕。即使毒不致死，这种化学药物也能够中止生殖器官中的细胞分裂。大卫教授已成功地完成了野外实验。然而结果表明，所有生物的生殖器官都很难逃脱化学物质的侵害。

最近，研究人员在染色体变异领域获得了新的医学突破，这具有十分深远的意义。一九五九年，一些来自英国和法国的研究人员独立进行研究。随后，他们得出了一个共同的结论：一旦人类正常的染色体的数量被篡改，某些可怕的疾病随即产生。在他们的研究对象中，蒙吉型畸形病人的染色体的数量与正常值不同，比常人多一个。有时，这个多余的染色体附着在另外的染色体上。所以，染色体数目仍是四十六个（正常值）。而通常情况下，这个多余的染色体独立存在。因此，染色体的实际数目为四十七个。这样看来，正是这些人的父辈导致了他们的缺陷。

那么，对于一些患有慢性白细胞增多的病人而言，还有其他原因导致了他们的疾病。在他们的血液细胞中，研究者发现了类似的染色体变异行为。这个变异行为包括染色体的部分残缺。在这些病人的皮肤细胞中，染色体的数目是正常的。这个结果说明，染色体残缺并非出现在胚胎细胞中，而仅仅出现在某些特定的细胞中。（该例中，血液细胞最先遭受损害）这个危害发生在生物体本身的生活过程中。染色体残缺可能会使之丧失“指令”功能（指挥正常行为）。

自从在这个新领域获得新发现之后，人们发现，因染色体破坏而发生的身体缺陷种类和数量正在迅速增长，现已超出医学研究的范畴。目前，克莱恩费尔特氏综合征就与某种性染色体的倍增有关。在患病的生物中，雄性居多。不过，它带有两个 X 染色体（染色体变成 XXY 型，而不是正常的雄性染色体 XY 型），自然就不正常了。通常而言，身高异常或精神缺陷通常会引发不孕症。当某个生物体只得到一个性染色体（即 XO 型，而不是 XX 型或 XY 型），它虽是雌性，但缺少很多本该有的第二特征。这种情况下，该生物体还会出现各种生理的（有时还是精神的）缺陷。X 染色体带有的基因是导致这些问题的原因。这就是“反转并发症”。在研究者们发现这些病症之前，这些情况早已在医学文献中有描述了。

就染色体变异这一课题，来自多个国家的研究者们已做出大量研究工作。威斯康星州大学成立了一个研究组，该组成员由克劳斯·伯托博士领导。他们一直在研究各种先天性变异行为。智力发育迟缓是一种典型的先天性变异的症状。毫无疑问，部分染色体倍增引发了这种变异行为——在胚胎细胞形成的过程中，染色体遭到破坏。而遭到破坏的部分未能重新修补。不幸的是，这可能会干扰胎儿的正常发育。

研究发现，在人体中，多余的染色体通常是致命的——它会妨害胎儿的生存。在这种情况下，有三种方式可以保住胎儿的性命。蒙古型畸形病就是其中之一。此外，多余染色体碎片虽然会造成严重的伤害，但这不一定是致命的。威斯康星州研究者们表示，至今，还有一些病例的产生原因尚未查清。这种情况就很好地解释了至今尚未被查清的一些病例的本质原因。在这些病例中，有的儿童存在复合型先天不足。这些缺陷中，智力发育迟缓是典型代表。

至今，科学家一直都在关注染色体变异的鉴定工作，但不知该从何处入手，进行深入的研究。——这也是研究工作的一个新课题。在细胞分裂过程中，多种原因造成了染色体的损伤。如今，化学物质遍布于我们的环境中。它们能够直接损害染色体。为了防止土豆发芽，为了消灭家里的蚊子，我们已经付出了太多的代价。

如果我们愿意努力，我们就能够减少这种威胁。经过了约二十亿年的进化，最终，这些基因进入到了我们体内。然而，这些基因也只是暂存于我们体内。将来，我们将把它们遗传给后代。现在，我们竟无法保证基因的完整性。根据法律要求，化学物质的制造者们检验了产品的毒性。但是，这些化学物质究竟会对基因产生何种影响，他们也并未研究过。对此，法律也没有做出任何要求。

## 第十四节　每四个当中就有一个

长期以来，人们都在和癌症做斗争，其起源因日久天长已经无人知晓。可以肯定的是，自然环境是最初的病因。在大自然里，居住着各种生物。而地球也总是受到太阳、风暴和自然界所带来的各种影响。其中，有些因素带来了灾难。此时，生命要么适应这些灾难，要么就被淘汰。紫外线会造成恶性病变（某些岩石中的射线也会如此），而土壤或岩石中的砷会污染食物或水源。

在生命出现之前，环境中就已存在这些破坏因素。后来，地球上有了生命。并且，经过几百万年后，生命体的数量激增，而且种类繁多。经过了那个属于大自然的、具有宽裕时间的时代，地球上的生命体渐渐适应了自然环境的优胜劣汰。在这个过程中，无法适应环境的生物遭到了淘汰，而那些生命力强的生物不断繁衍。到了现在，人们在自然界中发现的致癌因素仍是恶性病变的诱发因素。只不过，它们为数不多。并且，生命从一开始就已经习惯了它们破坏的方式。

人类出现后，这种情况开始发生变化。人类和其他生物不同——人们能够创造致癌物。长期以来，某些人造致癌物已经成为环境的一部分——含有芳烃的烟尘就是典型代表。随着工业时代的到来，我们的世界在不断变化。人为环境取代了自然环境——人为环境是由许多新的化学和物理因素所组成的，其中，许多因素能够引起生物学变化。由于人类的生物学遗传性进化缓慢，所以，它对新情况的适应过程也很缓慢。其结果是，这些致癌物很容易就能击溃人体的免疫防线。

人类与癌症的斗争有着悠久的历史，但对癌症起因的认识却很不成熟。近两个世纪以前，来自伦敦的一位医生首先发现外部的或环境的因素可能引起恶性病变。一七七五年，帕尔齐法尔·波特先生称，扫烟囱的工人中很容易患阴囊癌，这肯定与累积在他们体内的煤烟有关。当时，他还无法提供我们现在所谓的“证据”。但是，通过近代研究方法，研究人员从煤烟中分离出了这种能够致死的化学物质。这证明了波特先生的说法是正确的。

波特发现，在人类环境中，通过皮肤、呼吸或食物，有些化学物质能引起癌症。此后的近一个世纪里，人们在这方面的认识并未取得多少新的进展。在康涅尔和威尔士的冶铜厂、铸锡厂里，工人们长期暴露在砷蒸气中。结果，他们中的很多人都患有皮肤癌。此外，来自萨克森的钴矿和波西米亚的乔其尔塞尔铀矿的工人们患有一种肺部疾病，后来诊断是癌症。这些都是在矿区环境下发生的事。在工业迅速发展后，每个人似乎都面临着癌症的威胁。

在十九世纪的最后二十五年里，人们开始认识到了这些恶性病变。巴士德发现，微生物诱发了许多传染病。另外，有人发现了癌症的化学病因——研究者发现，萨克森的新兴褐煤矿业和苏格兰页岩矿业的工人们长期暴露于柏油和沥青中。因此，他们大多患有皮肤癌。十九世纪末，人们已发现六种工业致癌物。二十世纪以来，人类“创造”了无数致癌化学物质，并使广大群众与它们密切接触。在波特研究工作之后，不到两个世纪的时间里，环境状况发生了很大的改变。这些化学物质已经进入了每个人的生活环境中，甚至包括孩子和未出生的婴儿。因此，恶性病不断增多也就不足为奇了。

恶性病增多已成事实。一九五九年七月，人口统计办公室月报报道了包括淋巴和造血组织恶变在内的恶性病的增长情况。一九五八年的死率为百分之十五，而一九〇〇年仅为百分之四。目前，根据这类疾病的发病率，美国癌症协会预计，有四千五百万美国人最终将患癌症。这就意味着，每三个家庭中就有两人将患上恶性病。

儿童患有癌症更令人感到不安。二十五年前，很少有孩子患有癌症。如今，死于癌症的美国学龄儿童人数远远超过其他疾病的死亡人数。因形势危急，波士顿建立了一所儿童癌症防治医疗院，这是美国第一所专门针对儿童癌症防治的医院。在那些仅一到十四岁就因病夭折的孩子中，有百分之十二死于癌症。临床发现，五岁以下的儿童易患恶性肿瘤。更可怕的是，在已出生或待产的婴儿中，患恶性肿瘤的人数急剧增多。W·C·惠帕博士是美国癌症研究所的一位研究环境癌症的专家。他指出，怀孕期间，母亲若受致癌因素影响，则可能导致儿童患有先天性癌症，也可能使正常的婴儿患上癌症。这些致癌因素先进入胎盘，随后破坏胎儿组织。实验证明，就动物而言，接触致癌因素时的年纪越小，患癌可能性就越大。佛罗里达州立大学的弗兰西斯·雷是博士警告:“由于化学物质混入到食物中，今天的孩子们中间可能正在引发癌症。难以想象，他们的后代将经历什么样的劫难。”

在试图控制自然时，我们使用了很多化学物质。其中，究竟哪些对癌症的发生起着直接或间接的作用？这个问题值得我们密切关注。通过动物实验，研究者得出结论：在我们使用的农药中，有五六种都可能致癌。再加上引起白细胞增多的化学物质，致癌物就远远不止这些了。虽然这只是推测而来的结论，但仍使人胆战心惊。再算上那些对活体组织或细胞具有间接致癌作用的化学物质，那么，致癌农药就不止五六种了。

研究发现，在这些致癌农药中，人们最先接触砷。在除草剂中，它以砷酸钠的形式存在。在人与动物的体内，癌与砷的“渊源”不浅。惠帕博士在他的《职业性肿瘤》一书中说:“人们暴露在砷中会患上某种职业病，这也是撰写此书的初衷。”千百年以来，雷钦斯坦城（位于西里西亚）以盛产金矿银矿久负盛名，同时也会开采砷矿。数百年以来，矿井附近堆满了含砷废料。流水冲走了废料中的砷。因此，地下水被污染，砷进入了饮用水中。最终，当地的许多居民染上了“雷钦斯坦病”——这是慢性砷作用引发的一种疾病，其将导致肝、皮肤、消化系统和神经紊乱。恶性肿瘤经常随之而来。不过，“雷钦斯坦病”已成为历史——二十五年前，人们选择了新水源，水中的砷含量符合安全标准。同样，在阿根廷的科尔多瓦，因饮用水被砷污染，当地居民出现慢性砷中毒症状。经确诊，这是一种皮肤癌。

富钦斯坦和科尔多瓦的病例正是人们长期使用含砷杀虫剂的结果。在美国西北部，那儿有很多烟草种植区和果园种植区；在东部，那儿有一些越橘种植区——这些地方的土壤中含有大量砷成分，这很可能污染水源。

在砷污染的环境中，人和动物都会深受其害。一九三六年，德国就发生了这样一件事：在萨克森的弗莱堡格附近，炼银厂和冶铅厂向空气中排放含砷气体。它们飘向了周围农村，并附着在植物上。据惠帕博士报道，那些食草动物，如马、母牛、山羊和小猪毛发脱落，皮肤增厚。附近森林中的鹿也出现异常的色素斑点，甚至出现了癌前期的疣肿症状——疣肿意味着癌病变。在这个区域内，无论家禽野兽，都患有砷肠炎、胃溃疡或肝硬化。冶炼厂附近的绵羊甚至患上了鼻窦癌。通过化验动物的尸体，研究人员在它们的大脑、肝和肿瘤中发现了砷。在该地区，还有“大量昆虫死亡，特别是蜜蜂。雨后，雨水把树叶上的尘埃（它们都含有砷）冲刷到小溪和池塘中。大量的鱼也死掉了。”

有一种农药专治螨和扁虱。它属于新型有机农药类，也是致癌物。这种农药存在的历史可称得上是一部“讽刺史”：法律的初衷似乎是为了保护民众。但是，当人们对这些致癌物提出诉讼时，受理过程却是如此缓慢——在判决前，民众还需与这种致癌物“相伴多年”，简直是与狼共舞！从另一个观点来看，这个经过是很有意思的，它证明了要求民众接受的，今天看来是“安全得很”的东西，到明天就可能变得危险至极。

一九五五年，当这种化学物质刚被引进时，制造商就设定了容许值，允许粮食作物中出现少量残毒。根据法律要求，在对动物做实验时，他们使用了这种化学物质，并提交了实验结果。然而，食品与药物管理局的科学家们认为，这些实验恰好说明这种化学物质可能具有致癌性。因此，该局委员主张采用“零容许值”——根据法律要求，在洲际运输的食物中，不允许出现任何残毒。不过，制造商对此有权上诉。因此，委员会重审此案。最终，该委员会做出了一个折中的决定：一方面，他们确定容许值为百万分之一；另一方面，两年内，他们允许市场销售该类产品。在这段时间内，他们将继续实验，最终确定这种化学物质是否具有致癌性。

如此一来，虽然委员会没有明确表态，但这一决定意味着，民众成了“小白鼠”——和实验室的狗、老鼠一样，他们将成为实验对象，以帮助那些实验者确定这些化学物质是否具有致癌性！幸运的是，动物实验很快就有了结论。两年后，研究者确认，这种除螨剂是致癌物，其残毒污染了销售的食物。即使如此，到了一九五七年，食品与药物管理局却没有立即废除该容许值。第二年，他们又忙于走各种法律程序。最终，在一九五八年十二月，食品与药物管理局委员会才正式确立了零容许值。

这些只是致癌物的一部分而已。研究者在对动物进行实验时发现，滴滴涕引发了某种肝肿瘤。食品与药物管理局的科学家们曾报道过这些肿瘤，他们也无法对这些肿瘤进行分类。不过，他们认为，“把它们看作是一种低级的肝细胞癌肿是合理的”。惠帕博士给滴滴涕打上了一个标签——“化学致癌物”。

IPC 和 CIPC 是除草剂，它们属于氨基甲酸酯类。对此，研究者发现，它们引发了老鼠皮肤肿瘤——有些肿瘤是恶性的。恶性病变可能是由这些化学物质引起的。后来，在其他种类的化学物质作用下，才促使病变全部形成。

在对动物进行试验时，研究者发现，氨基三唑（一种除草剂）引发了甲状腺癌。一九五九年，许多蔓越橘种植者滥用这种化学物质。于是，市场上的浆果中存在着大量残毒。食品与药物管理局随即没收了被污染的橘子，这引起了广泛争论。人们纷纷控诉，许多医学与药物管理局也提出了一些科学事实——这些动物实验清楚地表明氨基三唑具有致癌性。当这些动物的饮水中含有百万分之一百的化学毒剂时（即每一万匙水中加入一匙该化学物质），它们将在第六十八个星期出现甲状腺肿瘤症状。两年后，它们中的一半以上都出现了这种肿瘤——良性与恶性并存。事实上，即使它们饮水中的药物含量更低也会引发肿瘤。不过，研究者还尚未确定氨基三唑达到何种水平时会对人具有致癌性。但是，正如哈瓦德大学的医科教授大卫·鲁茨顿博士所言："这一水平肯定存在，它看着不起眼，却性命攸关。"

直到现在，研究人员还没能彻底弄清新一代氯化烃杀虫剂和现代除草剂的全部影响。大多数恶性病变发展缓慢，受害者需经过很长一段时间才会表现出临床症状。在二十世纪二十年代早期，有很多妇女负责给钟表表面涂颜料。在这个过程中，她们的嘴唇接触了毛刷，从而吞入了少量镭。十五年甚至更长一段时间后，其中的一些人患了骨癌。通常情况下，因职业需求而接触化学致癌物的人会患上癌症。不过，其临床症状需在十五到三十年，甚至更长一段时间后才会表现出来。

上述的案例大多发生在工业环境中。一九四二年，人类首次暴露在滴滴涕（当时，滴滴涕主要用于军事目的）中；一九四五年普通大众也开始接触到了滴滴涕。到了二十世纪五十年代早期，各种化学农药层出不穷。这些化学物质播下了恶变的种子。如今，正是种子成熟的时候。

大多数恶性病变的潜伏期都很长。但是，也有例外。广岛原子弹爆炸后仅三年，当地幸存者就开始出现“白细胞增多症”。目前，人们还未发现潜伏期比该病症更短的癌症——有朝一日或许会发现，但目前而言，该病症潜伏期竟如此短促，实在出人意料。

如今，人们滥用农药，白血病的发病率也不断上升。此前，国家人口统计办公室发布数据清楚地表明血液恶性病变导致的疾病急剧增长。一九六〇年，有一万二千二百九十人死于白血病。一九五〇年，有一万六千六百九十死于各种类型的血液和淋巴恶性肿瘤；到了一九六〇年，死亡人数猛增到二万五千四百人。死亡率由一九五〇年的十万分之十一点一增长到一九六〇年的十万分之十四点一。在世界各国，该病已登记死亡数以每年百分之四到五的比例增长。这说明，在我们生活的环境中还存在着很多未知的致毒因素。对此，我们浑然不知，却不可避免地暴露其中。

许多像梅奥医院这样世界有名的机构已确诊患血液器官这类疾病的受害者已有几百人。在梅奥医院血液科工作的马尔克姆·哈格莱维斯及其同事表示，“这些病人都曾暴露于各种有毒化学物质中，其中包括滴滴涕、氯丹、苯、γ-六氯环己烷和石油分馏物”。

哈格莱维斯博士称，“近十年来，人们使用了各种有毒物质。它们污染了我们生活的环境，并造成了多种疾病，其数量也一直在增长”。根据其丰富的临床经验，哈格莱维斯博士表示，“在患血液疾病和淋巴疾病的人中，绝大多数人都曾暴露于各种农药和烃类化学物质中。如果一份病历记录足够详细，那我们一定能从其中发现端倪”。哈格莱维斯博士手中有大量病例，而且都十分详细。他注意到，这些病例包括白血病、发育不良性贫血、霍金斯病及其他血液和造血组织类疾病。他说：“他们都曾暴露于那些致癌因素中。”

在这些病例中，有一位家庭妇女，她十分厌恶蜘蛛。八月中旬，她拿着杀虫剂（含有滴滴涕 和石油分馏物）走到了地下室。她把整个地下室喷洒了一遍——楼梯下，水果柜内，还有那些围绕着天花板和椽子的地方。喷洒之后，她开始感到恶心、烦躁和神经紧张，整个人都感觉十分不舒服。之后的几天里，她感到稍微舒服一些。但她并不知道病因。九月份，她又去喷了两次药。之后，她生病了。后来又恢复了健康。当她第三次喷药后，她就出现了新的症状——发烧、关节疼痛，还有一条腿得了急性静脉炎。哈格莱维斯博士检查后发现，她得了急性白血病。确诊后的第二个月，她就去世了。

另一个病人是一位上班族，他在一所古老建筑物里工作，里面到处是蟑螂。这种情形使他倍感烦扰。于是，他采取了一些措施。在一个星期天，他拿杀虫剂喷洒了地下室和所有间隔区。喷洒物中含有滴滴涕，其以悬浮态存在，浓度为百分之二十五，存于甲基萘溶液。喷药后不久，他开始皮下出血并吐血。到诊所时，他还在大出血。医生研究了他的血液，结果表明，他的骨髓机能严重衰退，其患有发育不良性贫血。在之后的五个半月中，他接受了治疗，共输血五十九次。最后，他的健康状况有所改善。但是，大概九年后，他患上了白血病。

在这些病例中，农药是"罪魁祸首"。其中，最常见的是滴滴涕、γ-六氯环己烷、六氯苯、硝基苯酚、二氯苯、氯丹，以及这些药物的溶剂。有医生表示，"单纯地暴露于单一化学物质是个特殊情况，因为很多产品通常都含有多种化学物质"。人们通常会用石油分馏物制作悬浊液，其中也有一些杂质。有一些溶剂含有芳香族化合物以及不饱和烃，其本身就可能损害造血器官。从实践的角度而言，这一差别并不重要。因为，在人们使用药剂喷药时，这些石油溶剂是不可或缺的。

各国医学文献中记载着许多有价值的病例，它们使哈格莱维斯博士坚信，那些化学物质与白血病及其他血液病息息相关。这些病例中的病人来自各行各业。其中，有农民，他们对农作物喷药后，自己也深受其害；也有学生，他们在书房对虫蚁喷药后继续学习，也受到了药物的伤害；还有家庭妇女，她们在家中安装了含有γ-六氯环己烷的喷雾器，随后，她们因此而中毒；以及工人，他们在棉花地里喷洒氯丹和毒杀芬。因此，他们也难逃其害。在这些病历中出现了很多医学术语，其中隐藏着许多悲剧。在捷克斯洛伐克就有两个表兄弟，他们住在同一城镇，总在一起工作和玩耍。他们有生之年做的最后一项工作就是在一个联合农场里卸运成袋的杀虫剂（六氯联苯）。八个月后，其中一个孩子病倒了，他得了白血病，病后九天就去世了。此时，他的表兄弟开始感到疲劳并有发烧症状。三个月后，他的症状变得更加严重。最后，他也住院了。经医生诊断，他也患上了急性白血病。最终，他也去世了。这再一次证明，该病是致命的。

一个瑞典农民的病例使人回想起金枪鱼渔船“福仓号”上的日本渔民洼山的遭遇。和洼山一样，这个农民一直很健康。唯一不同的是，他在陆地上经营自己的生活，而洼山在海上营生。但来自天空的毒物给他们两人都带来了死刑宣判书。瑞典农民遭遇的是放射性微尘，洼山遭遇的是化学粉尘。该农民用药粉处理了大约六十英亩土地，这些药粉含有滴滴涕和六氯苯。当他喷洒药粉时，风把药粉吹到了他身上。当晚，他感到异常困倦。在之后的几天，他依旧感到虚弱无力，同时背疼、腿疼，甚至发冷。最后，他卧床不起。路德医务所的诊断报告表明：“他的病情日益恶化。五月十九日（喷药后一周），他要求住院治疗。”之后，他发高烧，并且血液检查结果异常。在患病两个半月后，他死于路德医务所。尸检结果表明，他的骨髓已完全萎缩。

细胞分裂的过程通常是有规律的。在这个病例中，病患的细胞分裂过程竟发生了改变——这是一种反常现象，并极具破坏性。这个问题相当棘手，科学家对此也很重视，他们为此投入了巨额的研究资金。然而，科学家们仍然有些问题无从知晓：细胞规律性增长何以变得不可控？细胞内又发生了何种变化？

总有一天，我们会找到问题的答案。不过，答案绝对不止一个。因其病源、发展过程以及转归因素不同，癌症呈现出来的形式也各不相同。其中，也许只有个别因素会损害细胞。在世界各国，人们做了大量研究。但有的时候，这些研究并非针对癌症。在研究过程中，我们看到了希望。总有一天，我们会发现背后的真相。

我们再次发现，仅通过观察细胞及其染色体，我们就能获得一些重要的线索。这个微观世界中必然存在着各种因素，它们变更了细胞的作用机制，并使其脱离正常状态。我们必须找到这些因素。

一位德国的生物化学家奥特·瓦勃格教授在马克斯·普朗克细胞生理研究所工作。他提出了一个与癌细胞起源有关的理论，使人印象深刻。瓦勃格一生都致力于研究细胞内的氧化作用。此前，他进行了广泛的基础性研究。因此，对于正常细胞变异成癌细胞的过程，他给出了十分清晰的解释。

瓦勃格认为，无论是放射性致癌物还是化学致癌物，它们都通过破坏细胞的呼吸作用而耗尽细胞的能量。人们长期暴露于这些致癌物中就将导致该结果。一旦出现这种情况，细胞就无法恢复。在这种致毒剂的破坏下，还有一些细胞未被直接杀死，它们竭力补偿失去的能力。但是，它们无法继续进行有效循环，从而供给大量ATP。这时，它们只能通过发酵作用进行呼吸。这种方式非常原始，而且效率极低。不过，这个过程将持续很长一段时间。细胞的分裂过程将这种原始的方式传递下去。这样一来，新细胞都将使用这种非正常的呼吸方式。单个细胞一旦失去了正常的呼吸作用，它将永远失去这种作用——由它产生的新细胞都无法再获得这种作用。不过，在恢复能量的斗争中，存活下来的细胞将利用发酵作用补偿能量。这就是达尔文的适者生存理论——在这种斗争中，只有适应性最强的生命体才能生存下去。最后，细胞的发酵作用能够产生和呼吸作用一样多的能量。这也意味着癌细胞出现了。

瓦勃格的理论阐明了其他方面令人迷惑的事情。大多数癌症都具有很长的潜伏期，这正是细胞分裂所需的时间。期间，由于呼吸作用遭到破坏，发酵作用逐渐形成。最终，发酵作用将占统治地位，但该过程需要一定的时间。在不同的生物体内，发酵作用速度各有不同。因此，该过程所需时间也有不同。在鼠类体内，这个时间较短。所以，它们体内的癌性病变速度较快。但在人体体内，这个时间较长（可能长达数十年）。所以，人体体内的癌性病变速度较慢。

瓦勃格的理论还解释了一个问题，那就是在某些情况下，反复摄入小剂量致癌物比单独摄入大剂量致癌物危害性更大。单次大剂量摄入导致的中毒可以立即杀死细胞。然而多次小剂量摄入却使得一些细胞存活了下来。虽然这些幸存的细胞处于威胁之中，但它们终将变成癌细胞。所以，致癌物并没有所谓的“安全剂量”。

瓦勃格的理论也解释了另一个让人费解的事实——同一因素既能治疗癌症，也能引发癌症。放射性就是如此——它既能杀死癌细胞，也能引发癌症。如今，我们用来抗癌的许多化学药物也是如此。之所以会出现这样的情况，是因为它们都会损害呼吸作用。一开始，癌细胞的呼吸作用就已遭到损害。抗癌药物又给其造成二度损害。如此一来，这些癌细胞便被杀死了。因为正常细胞的呼吸作用是首次遭受损害，所以它不会被杀死，而是开始走上了一条最终可能导致癌变的道路。

一九五三年，有研究者做过这样一个实验：在较长一段时期内，他们时不时地停止给正常细胞供氧。最终，他们发现，这种做法会使正常细胞转变为癌细胞。这证实了瓦勃格的理论。一九六一年，他的理论再一次得到证明。不过这一次，研究者们是用活体动物进行实验。他们在老鼠体内注入放射性示踪物质，然后观测老鼠的呼吸作用。他们发现，其发酵作用的速度明显高于正常速度。这正好验证了瓦勃格的猜测。按照瓦勃格所创立的标准来进行测定，大部分农药都具有巨大的致癌性。我们在前几章中也讨论过：氯化烃、苯酚和一些除草剂都会妨碍细胞的氧化作用，并妨碍其产生能量。并且，它们会创造一些休眠癌细胞。如此一来，癌变将长期处于休眠状态并无法被人们发现。到了最后，人们忘记了病因的存在。这个时候，癌症就被诊断出来了。

染色体病变也可能引发癌症。在这个领域内有许多卓越的研究者，对于所有危害染色体、干扰细胞分裂或引起突变的因素，他们都带着疑虑的眼光。在他们眼中，任何突变都可能引发癌症。关于突变的问题，人们有很多争论。这些争论往往涉及胚胎细胞的突变问题，人们可能需要在数百年后才能发现它们的影响。尽管如此，身体细胞也同样存在着突变。有人提出，癌源于突变。根据这一理论，在放射性或化学药物作用下，细胞也可能发生突变，这使细胞摆脱了机体控制作用——该作用保证了细胞的正常分裂。因此，该细胞可能不断增长，其过程十分迅速并且毫无规律。这种分裂产生的新细胞不受机体控制。因此，在一定的时间内，这些细胞累积后就形成了癌瘤。

有研究者指出，癌细胞组织中的染色体不稳定，它们很容易破裂或者受到损害。并且，染色体的数量也不正常——在一个细胞中甚至会出现两套染色体。

阿尔伯特·莱万和J·J·倍塞尔首次对染色体发展为癌变的全过程进行了研究。他们在纽约的斯隆－凯特林癌症研究所工作。对于恶性病变和染色体遭到破坏究竟谁先谁后的问题，他们毫不犹豫地说："染色体的异常变化先于恶性病变。"他们推测，染色体遭到破坏后将呈现不稳定状态。之后，新生细胞将面临众多灾难（这就是恶性病变的潜伏期）。这段时间内，突变集中积累起来，细胞摆脱控制而开始无规律地增生。这些增生物就是癌。

欧几维德·温吉是"染色体稳定性理论"的早期倡导者之一。他认为染色体的倍增现象意义重大。通过反复观察，研究者发现，在实验植物的细胞中，六氯苯及其同类 γ－六氯环己烷会使染色体倍增。而且，这些化学物质与许多致命贫血症都有关系。那么，这两种情况是否存在内在联系呢？究竟是哪些农药干扰了细胞分裂，破坏了染色体并引起突变的呢？

当人们暴露在放射性化学物质或与之有相似作用的化学物质中时，就很容易患上白血病。背后的原因其实很简单。物理或化学致变因子会损坏某些特定的细胞，这些细胞的分裂作用特别强，其包括许多组织，但最重要的是造血组织。骨髓主要负责制造红细胞，它以每秒一千万的速度向人体血液中释放新的红细胞细胞。白细胞形成于淋巴结和某些骨髓细胞中，它十分易变，且形成速度十分迅速。

放射性产物锶 90 对骨髓具有特殊的亲和性。苯是杀虫药溶剂中的常见成分，它会侵入骨髓，并沉积于此长达二十个月之久。多年以来，据医学文献记载，苯已被确认为白血病的病因之一。

儿童身体发育十分迅速，这也能为癌变细胞的发展提供最适宜的条件。麦克华伦·勃尼特先生指出，白血病现已在全世界范围内扩散。并且，该病常见于三至四岁的儿童。他还表示："这些三至四岁的儿童之所以容易患有白血病，是因为他们在出生前后曾暴露于致变刺激物中。除此之外，我们很难找到合理的解释。"

尿烷也可引发癌症。研究者发现，当怀孕的老鼠经过尿烷处理后，母鼠出现了肺癌症状。并且，幼鼠也出现了肺癌症状。在这一实验中，幼鼠只可能在出生前暴露于尿烷中。这证明尿烷必定进入了胎盘。惠帕博士也曾警告："如果婴儿在出生前就暴露于尿烷中，那么，当他出生后极有可能患上肿瘤。"

氨基甲酸酯也是一种尿烷。在化学意义上，其与除草剂 IPC 和 CIPC 有关。尽管癌症专家们屡次警告，人们依旧大肆使用氨基甲酸酯。它们不仅被当作杀虫剂、除草剂、灭菌剂使用，而且还用于增塑剂、医药、衣料和绝缘材料中。

有很多间接行为也可能导致癌症。一般而言，有些物质并非致癌物，但它们会妨碍身体某些部位的正常功能，并由此引起恶性病变。与生殖系统有关的癌症就是比较典型的例子。此类癌症与性激素平衡被破坏有一定的联系。在某些情况下，这些性激素遭到破坏后又会引起一些后果。这些后果又会影响肝脏保持这些激素正常水平的能力。氯化烃就是其中之一。在一定程度上，所有氯化烃对肝脏都有毒，所以它能够间接致癌。

一般而言，性激素在体内是正常存在的，它与体内生殖器官密不可分，其作用也非同小可。然而，长期以来，身体建立了自我保护机制，能够消除多余激素。比如肝脏，它能维持雄性激素和雌性激素之间的平衡（两性都会产生雄性激素和雌性激素，只是数量比例不同）。这样，肝脏可以防止任何一种激素过多累积。但是，当肝脏受到疾病或化学物质危害，或者维生素 B 供应不足时，该功能就会遭到破坏。此时，雌性激素将达到异常高的水平。

这样会带来什么后果呢？通过对动物进行实验，研究者们有了许多重大发现。比如，洛克菲勒医学研究所的一位研究人员发现，因疾病而使肝脏受损的兔子很容易患上子宫肿瘤。研究人员认为，子宫肿瘤高发是因为肝脏已无法抑制血液中的雌性激素。最后，肿瘤发展成了癌。在对小白鼠、大白鼠、豚鼠和猴子进行实验后，研究者发现，长期小剂量摄入雌性激素将引起生殖器官组织的变化，并最终导致良性蔓延变化发展成恶性病变。在服用雌性激素后，欧洲大鼠也出现了肾脏肿瘤症状。

研究表明，人体组织也可能遭受这样的影响，虽然在医学上人们对此有不同观点。麦克吉尔大学维多利亚皇家医院的研究人员表示，在他们研究过的一百五十例子宫癌中，有三分之二的病例证明了以上观点。这些病患体内的雌性激素水平异常高。在他们后来研究的二十个病例中，有百分之九十的病患都具有十分活跃的雌性激素。

即使现代医学的实验手段十分高明，但有时我们也检查不出肝脏的受损原因。不过，可以确定的是，这类肝损害足以消除雌性激素。研究表明，氯化烃很可能损害肝脏。我们知道，小剂量摄入氯化烃也会引起肝细胞变化，会造成维生素B的流失——这是一个非常重要的线索。研究人员发现，维生素能够抵制癌症，具有保护作用。

后来，C·P·洛兹（他一度担任斯隆-凯特林癌症研究所所长）发现，当实验动物暴露于化学致癌物后，研究者给它们喂食酵母——一种天然维生素B的丰富来源，它们就不会患上癌症。研究发现，缺乏维生素B可能引发口腔癌，也可能引发消化道其他部分的癌症。美国、瑞典和芬兰北部地区都出现了这种情况。在这些地方的食物通常缺少维生素。非洲斑图部落的居民就很容易患上早期肝癌，因为他们的营养严重不足。在非洲的某些地方，男性乳腺癌十分常见。这也是营养不良的后果。战后，希腊进入饥荒期。此时，当地男性普遍患有乳腺癌。

研究表明，农药会损害肝脏并阻碍维生素B的供给。这证明农药间接引发了癌症。农药带来的伤害导致了体内的雌性激素增多。如今，我们环境中充斥着各种人工合成雌性激素。我们长期暴露在这些物质中——它们存在于化妆品、医药、食物和一些工作环境中。这些影响十分严重，不容忽视。

在现代社会中，人类经常会暴露于各种致癌化学物质（包括农药）中，这是难以避免的。在生活中，我们可能都会暴露在同一种化学物质中——比如砷。在不同环境中，我们都能发现它的存在——空气污染物、水污染物、食物残毒、医药、化妆品、木料防腐剂、油漆和墨水中的染料等。不过，单独暴露于其中某一物质中可能并不会引发恶性病变。但是，人们通常暴露在多种物质中。通过相互作用，这些化学混合物的毒性陡增，最终导致单个化学物质的安全剂量相互叠加，将人们推向中毒的深渊。

另外，人类的恶性病变也可以由两三种不同致癌物的共同作用所造成，因而存在着一个它们作用的综合影响。一个暴露于滴滴涕的人同时也可能暴露于烃类中——在人们广泛使用的溶剂、颜料剂、减速剂、干洗涤剂和麻醉剂中包含着各种烃类成分。这样的话，滴滴涕的"安全剂量"还有什么意义呢?

研究发现，某种化学物质可以和另一种化学物质发生化学反应，从而改变其效果。这使得情况更加复杂。有时，两种化学物质相互作用才可能引发癌症——首先，其中一种化学物质使得细胞组织变得敏感；然后，另一种化学物质使细胞组织发生癌变。比如，除草剂 IPC 和 CIPC 就会使细胞组织变得敏感。它们播下了癌变的种子。当另一些物质（比如洗涤剂）进入人体后，细胞组织就可能发生癌变。

并且，物理因素与化学因素之间也可能会产生相互作用。白血病的发生过程可分为两个阶段——X 射线导致恶性病变，而随后摄入的化学物质（如尿烷）则起到了催化作用。人们日益暴露于各种放射性物质中，并与大量化学物质接触，这给现代医学带来了严峻的挑战。

放射性物质还会污染供水系统，也带来了许多其他问题。水中包含着许多化学物质，而通过游离射线的撞击，那些放射性物质可以改变它们的性质。最终，这些物质的原子重新排列组合，从而创造出新的化学物质。

洗涤剂是常见的污染物，它给公共供水带来了许多麻烦。在美国，所有水污染专家都对此进行研究，但却没有可行的办法来处理它。直到现在，人们甚至还不知道哪些洗涤剂是致癌物的。洗涤剂能够间接地促成癌变——它们在消化道内壁发生作用，使机体组织发生变化。最后，这些组织有可能吸收危险的化学物质，从而加重了化学物质的影响。不过，对于这种作用，人们依旧束手无策。我们可以肯定的是，致癌物并没有什么“安全剂量”。我们必须将它们彻底地消除，才能够保证我们的安全。

我们晚一天清除这些致癌因素，就要为此多付出一天的代价。一九六一年春天，研究者发现，在各联邦、州以及私人鱼类产卵地，虹鳟鱼中出现了一种肝癌流行病。美国西部和东部地区的鳟鱼都受到了影响。超过三龄的鳟鱼全都得了癌症。此前，在报告鱼类肿瘤方面，全国癌症研究所环境癌症科和鱼类与野生物服务局达成协定，旨在通过水质污染报告让人们意识到人类面临的癌症危险。

对于这种流行病的确切原因，研究者们仍毫无头绪。不过，有人怀疑，问题可能出在饵料中——这些在鱼的产卵地投放的饵料便是最好的证明，因为饵料中含有各种化学添加物和医学化工品。

研究者们对于鳟鱼患病的发现意义重大。这也说明，当动物或人类接触某种药性剧烈的致癌物后，后果简直不堪设想。惠帕博士认为，该病警告人们必须着力控制这些环境致癌物。他说：“如果不采取必要的预防措施，那么，鳟鱼今天的遭遇就将成为人类明天的苦难。”

有研究者称："我们正生活在'致癌物的汪洋大海中'。"这难免让人感到绝望。对此，我们不由得会问："难道我们就不能想办法消除这些致癌物吗？"也有人会感叹："如果实在无法消除，就别再浪费精力做实验了，着手研制治癌药物岂不更好？"

多年以来，惠帕博士在研究癌症方面取得了众多成就，人们十分尊重他的意见。对于上述问题，他也思考了许久。后来，基于他多年的研究经验，他给出了一个全面的回答。他认为，如今，癌症给我们带来了很多困扰。而在十九世纪末，传染病也给人类带来了很多麻烦。两者情况十分相似。巴斯德和卡介的辉煌研究工作证实了病原生物与许多疾病间的病因关系。当时，医学界人士（甚至普通民众）逐渐意识到，大量的致病微生物已经侵入了人类环境。这就像如今致癌物蔓延在我们周围一样。人们已经控制住了大多数传染病，还有一些已经被消灭了。这是人们同时采取预防措施和治疗措施的结果。在外行人看来，那些"治病良药"意义重大。实际上，在抵抗传染病时，人们对病原生物采取的消灭措施才具有决定性意义。一百多年前，人们战胜伦敦霍乱的事例即是明证。约翰·斯诺是来自伦敦的一位医生。他把病患所在地绘成地图。随后，他发现所有病患来自一个地区——波罗德街。当地居民从同一个泵井里取水。后来，斯诺博士果断决定：更换泵井把手。最后，人们战胜了该流行病。他们并非使用药丸去杀死引起霍乱的微生物，而是把它们排除于人类环境之外。从治疗手段来看也是如此——减少传染病的病灶（机体上发生病变的部分）比治疗病人效果可能更显著。如今，很少有人再患有结核病。这是因为人们很少有机会接触结核病病菌。

我们不难发现，我们的世界到处都是致癌因素。根据惠帕博士的说法，想要攻克癌症，光靠寻找治疗办法或研制所谓的“治病良药”是行不通的。因为，环境中的致癌因素不计其数。它们危害人类的速度远远快于“治病良药”治愈人类的速度。

通过预防来战胜癌症是一个常规性办法。不过，这是一个缓慢的过程。“因为，与预防癌症相比，治疗癌症更加‘惊心动魄’，人们似乎更愿意为之付出心血。”惠帕博士无奈地表示。实际上，预防癌症可能比治疗癌症更为有效。有人希望能够有这样一种药丸——我们每天饭前服用一颗，就可以免受癌症困扰。对此，惠帕博士表示十分无奈。人们之所以会有这种想法，是因为一种“误会”——他们认为，虽然癌症神秘莫测，但也只不过是单一原因引起的疾病。因此，他们希望有某种单一的方法就可以治愈。实际上，真相并非如此。环境癌症是由复杂多样的化学因素和物理因素所引起的。因此，在生物学上，恶性病变本身就表现出多种不同的形式。

即使未来人们真的研制出了“治病良药”，也不可能指望它是一种能治疗所有类型恶性病变的万灵药。虽然研究者还会继续研制这种“良药”，以治疗那些癌症患者。但是，“药到病除，包治百病”的思想贻害无穷。我们需要一步一步地去解决这个问题。当我们花费大量资金进行研究时，或者当我们倾注心血去寻找治疗方法时，我们都可能忽视了预防的最佳时机。

征服癌症并非毫无希望。从目前来看，我们面临的处境比十九世纪末控制传染病时的情形更加乐观。当时，到处都是致病细菌——就像如今到处都是致癌物一样。不过，当时的人们并非有意传播这些病菌。反观现在，人们把绝大部分致癌物传播到了环境中。其实，只要愿意，人类能够消除许多致癌物。在我们的生活中，化学致癌因素已通过两种途径建立了掩体防线：第一，由于人们追求“更好的、更轻松的”生活方式；第二，因为人们制造和贩卖这类化学物质已变成我们的经济和生活方式中一个可接受的部分。

无论是在现在还是将来，想要消灭所有化学致癌物是不现实的。但是，有很多化学致癌物并非生活必需品。当人们消除这些致癌物后，人类面临的伤害将大大减轻。而且，每四个人中，至少有一个人可能能够摆脱癌症的威胁。我们应该全力以赴，消除这些致癌物。如今，它们正污染着我们的食物、供水和空气。并且，它们反复地出现在我们的生活中。对此，我们却毫不知情。

在研究癌症方面，有很多优秀的研究者。其中，有许多人与惠帕博士有共同的信念。他们都相信，通过查明环境致癌因素，并减少甚至消除它们的影响，人类可以征服恶性病变。当然，我们也应该继续寻找治疗方法。因为还有许多癌症患者等待治疗。但是，对于那些尚未患癌症的人以及尚未出生的人而言，预防工作迫在眉睫。

# 第十五节　大自然的反抗

我们竭力想要把大自然改造成我们心目中的样子，结果却事与愿违，而且还给我们带来了很多麻烦。虽然我们不愿意承认，但事实是，改造大自然并非易事。而且，那些扰人的昆虫总能巧妙地避开各种化学药物的打击。

荷兰生物学家C·J·波里捷说："在大自然中，昆虫世界令人叹为观止。在这个世界里，一切皆有可能——即使是那些在人们看来最不可能发生的事，在这里也能成为可能。如果有人能够对昆虫世界的奥秘进行深入研究，那么，他将惊叹于这个世界中层出不穷的奇妙现象。他会发现，在这个世界中，任何事情都可能发生；那些看似完全不可能的事情也会经常出现。"

如今，在两个领域内，我们都能看到这些"不可能的事"。通过遗传选择，昆虫正在发生变化，这将帮助它们抵抗化学药物。我们会在下一章讨论这一问题。现在，我们要讨论一个更为严肃的问题——在我们使用化学物质时，我们也在削弱环境固有的天然防线，其能够阻止昆虫无节制地繁衍。每当我们破坏这些防线时，就会涌现出一大群昆虫。

来自世界各地的研究报告表明，我们目前的处境不容乐观。数十年来，人们不断地使用化学物质控制昆虫。然而，昆虫学家们发现，当人们认为那些昆虫已经解决了的时候，它们又卷土重来，继续贻害人间。而且，我们还迎来了新问题——当某种昆虫出现时，即使数量很小，它们也会迅速繁衍，直至数量成灾。昆虫的先天优势使得化学控制方法毫无用处，化学控制已搬起石头砸了自己的脚。在制定和使用化学控制方法时，人们并未考虑到复杂的生物系统。如此盲目的做法使得化学控制方法成了“反生物系统”的武器——这种做法显然违背了自然规律。在使用化学物质对付个别种类的昆虫时，人们可以预知其效果。但对付整个生物群体时，结果如何，我们无从知晓。

如今，有些地方的人已经习惯了无视大自然的平衡。在远古时代，自然平衡优势显著。如今，人们无情地将这一平衡状态彻底地打乱了。我们甚至根本就体会不到这种状态的存在。有些人认为，自然平衡问题只不过是一种臆测——根据这种想法行事相当危险。如今的自然平衡与冰河时期的自然平衡有所不同，但其依然存在。这个系统将各种生命联系起来，它复杂、精密而且高度统一。我们再也不能对它漠然不顾了。否则，这是很危险的——就像坐在悬崖边而又无视重力定律的人一样。自然平衡并不是一个静止状态，而是一种活动的、变化的、不断进行调整的状态。人也处于这个平衡中。有时，这一平衡对人有利；有时，它会对人不利——当人的活动频繁影响该平衡时，它就变得对人不利。

现在，在制定控制昆虫的计划时，人们忽略了两个重要的事实。第一，只有自然界才能真正有效地控制昆虫，人类是无法做到这一点的。“环境防御作用”限制了昆虫的繁殖数量，该作用从生命出现以来就一直存在着。可利用的食物数量、气候情况、竞争生物或捕食性生物的存在与否，这一切都相当重要。昆虫学家罗伯特·麦特卡夫说：“昆虫内部会自相残杀，这将有效地防止昆虫破坏我们的世界。”然而，人们使用大量化学药物杀死一切昆虫——无论是敌是友。

第二，一旦“环境防御作用”被削弱，某些昆虫的繁殖能力就会恢复，之后便会爆炸性繁衍。很多生物的繁殖能力超出了我们的想象。从学生时代起，我就发现：在一个装着干草和水的罐子里，只要滴几滴液体（含有原生动物的成熟培养液），几天后，这个罐子中就会出现一群小生命——亿万只草履虫，它们形状微小，形似鞋子。每一只都小得像灰尘。它们在这个温度适宜、食物丰富、没有敌人的临时天堂里无拘无束地繁殖着。这让我想起了藤壶，它会使海边的岩石变白；又让我想起了水母，它们慢悠悠地游动着——它们颤动的身体就像海水一般虚无缥缈。

到了冬季，鳕鱼会经过海洋迁徙到产卵地。这时，我们就能领略到大自然的控制作用所创造的奇迹。在产卵地，每只雌鳕会产下几百万只卵。如果所有卵都变成小鱼，那这片海洋就将变成“鳕海”。一般而言，每对鳕鱼会生出百万只幼鱼。只有当它们全部活下来时，它们才会给自然界带来干扰。

生物学家们经常会有这样一种猜想：如果有一场大灾难剥夺了

自然界的抑制作用，而有一个单独种类的生物却全部生存繁殖起来。这个时候，整个自然界究竟会遭遇什么？一个世纪以前，托马斯·赫胥黎曾做过这样一个统计：在一年内，一只雌蚜虫（它无须配偶就能繁殖）繁殖的总量是美国人口总量的四分之一。动物种群的研究者们表明，大自然平衡遭到破坏后会造成十分可怕的结果。曾经，畜牧业者们热衷于消灭山狗。最终，田鼠成灾——山狗是田鼠的天敌。在亚利桑那州，人们为了保护凯白勃鹿做出了不少努力，不过到了最后，这也给他们带来了不少麻烦。曾经，这种鹿与环境处于平衡状态，而这得归功于它们的天敌——狼、美洲豹和山狗。后来，为了"保护"这些鹿，人们决定消灭它们的天敌。最后，这些天敌彻底消失了，而鹿的繁殖速度也快得可怕。随后，该地区的草料严重不足。后来，它们只能采食树叶。最终，大量的鹿活活饿死了——饿死的鹿甚至多于其天敌捕杀的鹿。当地的环境也遭到了严重的破坏。

在田野和森林中有很多捕食性昆虫，和凯白勃地区的狼与山狗一样，它们起着重要的制约作用。如果人类将它们杀死，那些被捕食的昆虫就会毫无节制地繁衍，直至对环境造成无法想象的破坏。

地球上究竟有多少种昆虫，我们无从得知。因为还有很多昆虫我们都不认识。不过，我们已经知道的昆虫已超过七十万种。这意味着，根据种类数量来看，地球上的动物中，有百分之七十到八十是昆虫。大自然的力量（而不是人）制约着大多数昆虫。相比之下，人们使用化学药物（或其他方法）怎么可能控制得住昆虫的种群数量呢？

遗憾的是，在这种天然保护作用被破坏之前，我们很少意识到，正是昆虫的天敌提供了这些保护作用。我们生活在这个世界上，却经常对这个世界视而不见，不懂得欣赏它的美丽与奇妙。我们周围有很多生物，它们拥有很多神奇的能力。对此，我们也经常不以为意。这就是人们对捕食昆虫和寄生生物的能力一无所知的原因。曾经，我们也许在花园灌木丛中看到过螳螂，它们的长相凶恶无比。我们或许还祈祷过，希望它们能够消灭其他的昆虫。然而，只有当我们夜间去花园散步，并且用手电筒瞥见到处都有螳螂向着它的捕获物悄悄爬行的时候，我们才会理解我们所看到的一切；到那时，我们就会理解由这种凶手和受害者所演出的这幕戏剧的含义；到那时，我们就会开始感觉到大自然借此控制自己的那种残忍的压迫力量的含义。

“捕食者”们专门杀害其他昆虫，它们种类繁多。其中，有的在空中捕捉猎物，身轻如燕。有的在树枝上吞食昆虫，呆缓迟钝。黄蚂蚁经常捕捉蚜虫，并且用它的汁液去喂养幼蚁。黄蜂在屋檐下建筑了泥窝，并且将昆虫堆积在窝中——将来小黄蜂出生后就以这些昆虫为食。黄蜂飞舞在牛群上空，它们消灭了吸血蝇。食蚜虻蝇总是嗡嗡叫，人们经常把它错认为蜜蜂。它们把卵产在植物叶子上，此处有很多蚜虫。如此一来，小虻蝇出生后就能消灭大量蚜虫。瓢虫，又称“花大姐”，以蚜虫、介壳虫和其他掠食植物的昆虫为食。一只瓢虫可消灭几百只蚜虫，这本身也是它们的能量来源。在产卵时，它们正需要这些能量。

寄生虫的习性更加奇特。它们并不会立即杀死宿主，而是利用宿主给它们的孩子提供营养物。它们把卵产在宿主幼虫或卵内。这样，它们自己的幼虫就可以靠消耗宿主得到食物。一些寄生昆虫会将它们的卵用黏液附着在毛虫身上。在孵化过程中，幼虫会钻到宿主的皮肤里面。还有一些寄生昆虫会把卵产在树叶上（它们有一种天生的伪装本能）。这样，毛虫在吃树叶时就会把它们吃进肚子里面。

在田野上，树篱笆中，花园里和森林中，我们都能发现捕食性昆虫和寄生性昆虫。在池塘上空，我们能够发现飞舞的蜻蜓。阳光照射在它们的翅膀上，我们能看到火焰般的光彩。在一些沼泽中生活着巨大的爬行类动物。蜻蜓的祖先也曾生活在此处。如今，像它们的祖先一样，通过锐利的目光，它们在空中捕捉蚊子。在水下，蜻蜓的幼蛹（又称“小妖精”）会捕捉水生阶段的蚊子和其他昆虫。幸运的话，我们能够在树叶上发现草蜻蛉，它有绿纱似的翅膀和金色的眼睛。它的祖先是来自二叠纪的一种古代种类。草蜻蛉的成虫主要吃植物花蜜和蚜虫蜜汁，它们经常把卵产在长茎的柄根，把卵和叶子连在一起。小草蜻蛉（又称“蚜狮”）出生后，它们靠捕食蚜虫、介壳虫或小昆虫为生。它们会吸干这些小虫子的体液。在它们进入蛹期之前，每只草蜻蛉都能消灭几百只蚜虫。

和蝇一样，许多蜂也有这种能力。通过寄生作用，它们会消灭其他昆虫的卵及幼虫，从而得以生存。有一些蜂类的寄生卵非常小，但数量很多，并且十分活跃。它们有效地阻止了许多害虫的繁殖。

这些小小的生命一直都在忙碌着——无论天晴下雨，还是白天黑夜，甚至寒冬腊月，它们从未停止过忙碌。不过到了冬天，它们也在积蓄能量，等待着春天的到来。这个时候，万物复苏，所有昆虫也都开始活跃起来。此时，它们将散发出无限活力。寒冬时节，寄生昆虫和捕食性昆虫为了等待春天的到来，它们会将自己隐藏在雪花下，土壤中，树皮的缝隙里或洞穴内。

螳螂会将窝安在灌木枝条上，此窝薄如羊皮纸。它们会在这个窝里产卵。夏天过后，雌螳螂会离开这个地方。

雌胡蜂通常会将蜂窝建在阁楼角落，这种地方不易被人察觉。这些雌胡蜂体内有数不清的卵，它们长大后将形成整个蜂群。雌胡蜂喜欢独来独往。到了春天，它们就开始建造蜂窝，并在每个巢孔中产卵。此时，它们还会养育一群工蜂。工蜂会帮助雌胡蜂扩大蜂窝并发展蜂群。到了夏天，工蜂就开始不停地寻找食物。如此一来，很多昆虫就成了它们的“盘中餐”。就保持自然平衡而言，它们反倒成了我们的“队友”。但是，我们却把矛头指向了它们。一直以来，它们都在保护我们免受多种昆虫的困扰。没有它们的帮助，这些昆虫将会给我们造成难以估量的损害。可是如今，我们完全忽视了它们的价值。近年来，越来越多的人开始使用杀虫剂，其种类繁多，破坏力也不断增强。结果，环境防御能力持续变弱。不久后，我们将看到，各类昆虫会更加肆无忌惮，它们会不断地骚扰人类，并给人类带来灾害——有的会传染疾病，有的将毁坏农作物，简直无恶不作。

有人会说：“这种情况在现实生活中肯定不会发生的，这只是一种理论罢了。至少，在我的有生之年是不可能的。”但是，此时此刻，它正悄然而至。在科学期刊中，我们可以看到，仅一九五八年就有大概五十起因自然平衡遭到破坏而引起严重错乱的事件。最近几年中，此类事件更是层出不穷。近期，有研究者对这一问题进行了回顾。他们查阅了二百一十五篇报告后发现，农药使得昆虫种群平衡失常。并且，这种失常是灾难性的。

人们发现，在喷洒化学药物后，那些昆虫数量反而增多了。安大略有一种黑蝇就是如此。在人们喷药后，其数量比喷药前增加了十六倍。在英格兰，在人们喷洒了有机磷化学农药后，白菜蚜虫数量急剧增多——这是史无前例的。

在另外一些情况下，喷洒的药物虽然能有效控制目标昆虫，但同时也引发了灾难，导致其他种类的昆虫数量急剧增多。当滴滴涕和其他杀虫剂消灭蜘蛛螨的天敌后，蜘蛛螨的数量急剧增多。如今，蜘蛛螨已遍布全球，成了人类的公敌。蜘蛛螨有八条腿，它们与蜘蛛、蝎子和扁虱同属一类。它们的口器（主要有摄食、感觉等功能）可以刺入物体和吮吸食物。它们主要以叶绿素为食。它们的口器细小而尖锐，并能刺入叶子和常绿针叶的外层细胞，从而抽吸叶绿素。这种害虫的蔓延相对较慢，但却使得树木和灌木林染上了像椒盐那样黑白相间的染色点。随后，树叶枯黄，逐渐凋零。

几年前，美国西部的一些国家森林区曾发生过这样一件事：当时（一九五六年），美国林业部在大概八十八万五千英亩的森林地喷洒了滴滴涕。他们本来想要消灭蓓蕾蠕虫。那年夏天，他们从空中观察整个森林后发现，大面积的树木都枯萎了。道格拉斯枞树变成了褐色，它们的树叶都掉落了。在赫勒纳国立森林区和大带山的西坡上，以及蒙大拿和沿埃达荷的其他区域，那儿的森林就像被烧焦了一样。很明显，一九五七年夏天，蜘蛛螨肆虐人间，带来了不计其数的灾难。几乎所有喷药区都受到了虫害的影响。而这些地方灾情最严重。护林人想起了多年前蜘蛛螨造成的灾害，但危害性都不及此次灾害。一九二九年，黄石公园中的麦迪逊河沿岸，一九四九年的佛罗里达州，以及一九五六年的新墨西哥都曾遇到过类似的麻烦。这些灾害都发生在人们对森林喷药之后。（一九二九年，人们使用的不是滴滴涕，而是砷酸铅。）

为什么使用杀虫剂会使蜘蛛螨扩散得如此之快呢？首先，相对而言，蜘蛛螨对杀虫剂并不那么敏感。其次，在自然界，许多捕食性昆虫都制约着蜘蛛螨的繁殖，如瓢虫、五倍子蜂、食肉螨类和一些掠食性臭虫。这些虫子都对杀虫剂极为敏感。再者，蜘蛛螨群体内部构造也是原因之一。通常情况下，一个不构成灾害的螨群体会定居在某处，它们十分稠密，并簇拥在保护带中，躲避天敌的侵袭。人们喷药后，这个群体随即解散。此时，螨虫虽未被化学药物杀死，但却受到了刺激。于是，它们四处散开，去寻找它们的安身之所。这时，螨虫发现了一些新的空间和食物来源，这比它们之前环境更加优越。并且，螨虫的天敌已被药物杀死，它们也有必要再去维护保护带。随后，它们集中精力大量繁殖。此时，它们的产卵量增加了三倍，这可是非同寻常的。然而，这一切都是杀虫剂造成的。

在维多尼亚的一个山谷中，有一个苹果种植区十分有名。当地种植者们用滴滴涕代替砷酸铅时，红带叶鸽（一种小昆虫）迅速繁殖。最后，它们成了种植者们的“敌人”。如今，它的危害程度与日俱增。它们至少损害了当地种植者一半的果园。此外，包括美国东部和中西部的大部分地区，人们越来越频繁地使用滴滴涕，这也使得红带叶鸽变成了苹果树最具破坏力的害虫。

四十年代后期，新斯科舍省苹果园的种植者们反复在果园中喷药，导致果园鳕蛾（“多虫苹果”的始作俑者）肆掠，给种植者们带来了巨大的损失。而在未曾喷药的果园里，其数量对园内植物没有任何威胁。

在苏丹东部，那些喷药积极的人也遭到了同样的报应。当地棉花种植者在使用滴滴涕后接受了一个惨痛的教训。盖斯三角洲有大约六万英亩棉田，其一直靠灌溉生长。最初，人们喷洒滴滴涕只是一种实验行为。一开始，这种实验的确带来了良好结果。随后，人们不断增加喷药量和喷药次数。这也是麻烦的开始。棉桃蠕虫是棉花最具破坏力的敌人之一。但是，人们越往棉田里喷药，棉桃蠕虫反而越多。与喷过药的棉田相比，在未喷药的棉田中，棉桃遭受的危害更小。而且，在喷过两次药的田地里，棉籽产量明显下降。这些药物虽然消灭了一些食叶昆虫，但棉桃蠕虫的危害远远大于喷药带来的好处。最后，棉田种植者恍然大悟：如果他们不喷药的话，那些棉田本可以更加高产。在刚果和乌干达，人们使用大量的滴滴涕对付咖啡灌木害虫，其后果几乎是一场“大灾大难”。害虫本身没有受到滴滴涕的影响，而它的捕食者却都因此遭殃，因为它们都对滴滴涕异常敏感。

在美国，由于喷药扰乱了昆虫世界的群体动力学，田里的害虫越来越猖狂。最近的两个大规模喷药计划也造成了这样的后果——其中一个发生在美国南部，这是一个“捕灭火蚁”的计划；另一个

发生在中西部，这是为了消灭日本甲虫。（见第十章和第七章）

一九五七年，人们在路易斯安那州的农田里大规模使用七氯后，甘蔗穿孔虫随即肆掠，给人们造成了大量破坏。在人们使用七氯后不久，穿孔虫就带来了比原来更多的危害。旨在消灭红蚁的七氯却把穿孔虫的天敌们杀掉了。甘蔗损失惨重，农民们准备去控告路易斯安那州的决策者——对于这种可能发生的后果，该州决策者们并未提前发出警告。

伊利诺伊州的农民也经历了一次惨痛的教训。为了控制日本甲虫，人们在农田中喷洒了狄氏剂。后来，农民们发现，喷药区的穿孔虫数量急剧增多。实际上，在喷药区，这种昆虫的幼虫数量是其他区域的两倍以上。那些农民可能还不知道这些事情背后所蕴含着的生物学原理。不过，他们已经意识到，这些狄氏剂让他们付出了惨痛的代价。一方面，他们企图摆脱一种昆虫；另一方面，他们却造成了更为严重的危害。据农业部预计，日本甲虫每年在美国所造成的损失约一千万美元，而由谷物穿孔虫所造成的损失约八千五百万美元。

有一点值得注意：以前，在很大程度上，人们依靠自然力量控制谷物穿孔虫。在这种昆虫于一九一七年被意外地从欧洲引入之后的两年中，美国政府就开始执行一个收集和进口这种害虫的寄生生物的得力计划。之后，美国从欧洲和东方引入二十四种寄生生物，其代价也很可观。其中，有五种寄生生物能够独立控制穿孔虫。然而，人们使用的杀虫剂杀死了这些寄生生物，美国政府之前所做的努力也付诸东流。

如果有人对此表示怀疑，那我们不妨再看看加利福尼亚州柑橘丛树的遭遇。十九世纪八十年代，加利福尼亚州上演了一出生物控制的好戏。后来，这个举动闻名世界。一八七二年，加利福尼亚出现了一种以橘树树汁为食的介壳虫。在之后的十五年中，其发展成了危害巨大的虫灾。这使得许多果园“颗粒无收”。当地柑橘业正处于发展期。面对这一灾害带来的威胁，许多农民拔掉了他们的果树。后来，当地政府从澳大利亚进口了一种寄生昆虫（也称维达里亚的小瓢虫）。在首批瓢虫到达后两年，当地所有介壳虫已完全处于控制之中。从那时起，该地再也没有介壳虫的踪影。

到了二十世纪四十年代，这些柑橘种植者开始使用各种新式化学物质来对付其他昆虫。由于人们使用了滴滴涕和其他毒性更强的化学药物，加利福尼亚许多地方的小瓢虫都被消灭了——过去，政府为此花费了近五千美元。每年，这些瓢虫也为果农挽回几百万美元的损失。但是由于一次欠考虑的行动就把这一收益一笔勾销了。随后，介壳虫迅速卷土重来，造成了巨大灾害。这些灾害简直是“五十年难得一见”。

在里沃赛德的柑橘试验站工作的保尔·迪白克博士说：“这可能标志着一个时代的结束。”现在，控制介壳虫的工作已变得极为复杂化。只有通过反复放养，并合理安排喷药计划，我们才能尽量减少小瓢虫与杀虫剂接触。这样，它们才能存活下来。柑橘种植者在喷洒杀虫剂时，药水飘散到邻近的土地上，这可能会给别人带来严重的灾害。

我们在前面所讨论的昆虫都会给农作物带来危害。那么，哪些昆虫会带来疾病呢？二战期间，人们在南太平洋的尼桑岛上喷洒了大量药水。直到战争快结束的时候，人们才停止喷药。很快，在人群中传染疟疾的蚊子卷土重来。当时，蚊子的所有天敌都已被杀死。因此，蚊子的数量急剧增多。马歇尔·莱尔德描述了这一情景。他把化学控制比作踏板车——一旦开动，不管发生什么，我们也无法停下来。世界上的某些疾病与喷洒的药水密不可分。不过，像蜗牛这样的软体动物几乎不会受到杀虫剂的影响。在佛罗里达州东部，人们对盐沼（盐化的沼泽地）喷药后，大量生物因此而死亡，唯有水蜗牛幸免于难。在现场，死鱼遍布，螃蟹奄奄一息。而它们旁边就是水蜗牛——它们一边往前爬，一边吞食那些死了的生物。这幅画面实在有些恐怖，像是出自超现实主义画家之手。

这一现象之所以具有研究价值，是因为一些蜗牛中存在寄生性蠕虫。这些寄生虫处于它们的生活循环中。它们在软体动物中度过一段时间后，转而侵入人体。其中，血吸虫病就是典型代表。当人们喝水时或在受污染的水中洗澡时，它将透过皮肤进入人体，从而引起一些严重疾病。通过寄生于钉螺，血吸虫进入水中。在亚洲和非洲地区，这种疾病尤其多见。人们经常采用一些控制办法用以消灭某类昆虫。但是在有血吸虫的地方，这些办法反而促进了钉螺大量繁殖。

钉螺在多种生物体内都引发了疾病。人类并不是唯一的受害者。对于牛、绵羊、山羊、鹿、麋、兔和其他各种温血动物而言，肝吸虫会引发肝病。在一段时间里，这些肝吸虫的生活史中有一段是在淡水钉螺体内度过的。受到这些蠕虫传染的动物肝脏不宜作为人类的食物。依照法律规定，管理人员应该没收这些食物。每年，美国牧牛人会因此遭受约三百五十万美元的损失。很明显，钉螺数量增长将使该问题变得更加严重。

在过去的十年中，这些问题日益严重。然而，人类对它们的认识过程一直都十分缓慢。其实，有很多人都有能力探寻生物控制方法，并能够在实践过程中贡献力量。可是，他们却一直忙于进行各种化学控制的手段。一九六〇年，有报道称，美国仅有百分之二的经济昆虫学家从事生物控制工作。其余的经济昆虫学家都在忙于研究化学杀虫剂。

为什么会出现这样的情况呢？一些有名的化学公司向很多大学投入大量资金，用来支持杀虫剂的研究工作。所以，很多大学因此设立了研究生奖学金，社会上也提供了一些有吸引力的职位。另一方面，从来没有人投资生物控制研究。因为生物控制研究并不能给人们带来任何“看得见的利益”。负责生物控制研究工作的都是一些来自州和联邦的职员们。他们的工资简直少得可怜。

这就导致了某些杰出的昆虫学家带头为化学控制辩护。在调查了其中某些人的背景后，我们发现，他们的全部研究工作都是由化学工业资助的。他们的研究专业令人敬畏，甚至他们的工作也需依靠化学控制方法才能继续。难道我们能期待他们背叛资助者吗？

化学物质成了控制昆虫的基本方法，为此，人们欢呼雀跃。同时，也有少数昆虫学家提出了不同的研究报告。他们既不是化学家，也不是工程师，而是生物学家。

来自英国的F·H·雅各布称：“许多所谓的‘经济昆虫学家’

确实做了一些研究工作，这可能会使人们认为，只有喷雾器才能拯救世界。这些‘经济昆虫学家’相信，当他们的行为导致害虫再生、昆虫抗药性增强或哺乳动物中毒之后，化学家将再发明出另一种药物来治理这些问题。只有生物学家才能为根治害虫问题提出答案。对此，人们至今也浑然不知。”

A·D·毕凯特写道：“经济昆虫学家必须要明白的是，他们是在和活物打交道。测定杀虫剂或具有强力破坏性的化学物质并不困难。可是，他们的工作必须要比对杀虫剂进行简单试验或对强破坏性化学物质进行测定更为复杂一些。”在研究昆虫控制方法的领域内，毕凯特博士是一位先驱者。这种控制方法充分利用了各种捕食性昆虫和寄生性昆虫。

大约在三十五年前，毕凯特博士在安纳波利斯山谷的苹果园中开始了他的研究工作。该地一度是加拿大果树最集中的地区。在那个时候，人们相信杀虫剂（当时只有无机化学药物）是能够解决昆虫问题。人们认为，只要遵照使用方法就万无一失了。然而，结果却事与愿违——昆虫仍在活动，虽然原因未知。于是，人们又研制了新的化学物质，发明了更好的喷药设备。人们对喷药的热情也在增长。但是，昆虫问题并未得到解决。后来，人们又说滴滴涕能够阻止鳕蛾爆发。实际上，正是因为人们使用了滴滴涕才引起了一场史无前例的螨虫灾害。毕凯特博士说：“我们只不过是从一场危机进入到另一场危机，用一个问题的答案换来了另一个问题的到来。”

然而，在这一方面，毕凯特博士和他的同事们抛弃了老路——其他昆虫学家对此视若珍宝，他们一直热衷于研制毒性越来越强的化学物质。毕凯特博士及其同事们最大限度地利用了自然控制作用，并尽可能地不使用杀虫剂。必须使用杀虫剂时，他们也想尽办法将其剂量降低到最小量。这样一来，它们足以控制害虫而不至于给益虫造成伤害。计划内容中也包括选择适当的洒药时间。例如，人们应该在苹果花转为粉红色之前喷洒尼古丁硫酸盐。如此一来，捕食性昆虫就能免受其害。这可能是因为在苹果花转为粉红色之前，它们的幼虫还未孵化。

毕凯特博士仔细地挑选了一些化学药物，它们对寄生昆虫和捕食性昆虫的危害极小。他说："当我们使用滴滴涕、对硫磷、氯丹和其他新杀虫剂时，如果能像过去使用无机化学药物时一样，采用相同的方式，那么，对生物控制感兴趣的昆虫学家们也就不会有那么大的意见了。"在实验过程中，他主要会使用"鲵汀"（来自一种热带植物地下茎的化学物）、尼古丁硫酸盐和砷酸铅。他很少使用那些毒性强的杀虫剂。在某些情况下，他会使用浓度非常低的滴滴涕和马拉硫磷（每一百加仑水中加入一或二盎司——过去，人们在一百加仑水中会加入一或二磅的浓度）。在当代杀虫剂中，这两种杀虫剂毒性最低。尽管如此，毕凯特博士仍然希望，之后的研究能使用更安全的物质来取代它们。

在新斯科舍省，果园种植者们在管理果园时，遵照了毕凯特博士修订的喷药计划。还有一些种植者依然在使用强毒性化学药物。他们都收获了大量质量上乘的水果。不过，前者的代价更低——他们用于杀虫剂的经费只是后者总数的百分之十到二十。

更重要的是，这个修改过的喷药计划不会破坏大自然的平衡。

整个情况正在向着加拿大昆虫学家C·C·尤里特十年前所提出的那个哲学观点的方向顺利前进，他曾说:“我们必须改变我们的哲学观点——人类更加优越。我们甚至应该放弃这个想法。我们应当承认，大自然自身就能够限制一些生物种群。这比我们认为创造的很多方法都更加安全，也更有效。”

## 第十六节　万物崩坏的前兆

如果达尔文还活着，当他看到“适者生存理论”在昆虫世界如此适用后，他一定会为此感到高兴。在人们进行大规模化学喷洒后，昆虫种群中的弱者都被消灭掉了。如今的世界上，只有适应能力强的昆虫才活了下来。

近半个世纪以前，华盛顿州立大学的昆虫学教授A·L·麦兰德问了这样一个问题：“昆虫会不会对喷药产生抵抗力？”当时，没有人能够回答这个问题，因为这个问题太“前卫”了——他提出该问题时还是在一九一四年，并非一九五四年（此时人们已经发现，昆虫会对此产生抵抗力）。在“滴滴涕时代”到来之前，人们对无机化学药物的使用相当谨慎。即便如此，一些昆虫存活了下来，而且具有了相当强的抗药性。当初，麦兰德用硫化石灰控制住了介壳虫，这个过程耗时数年。但后来，这种虫子在华盛顿的克拉克斯顿地区为所欲为，人们根本拿它们没办法。这使得麦兰德也陷入到了困扰之中。

一时间，这种介壳虫侵袭了美国各个地区。并且，无论果园种植者们如何喷洒硫化石灰，它们似乎都有一种不谋而合的想法——活下去，因此总能捡回一条小命。在美国中西部地区，成千上万亩优质果园已被这些昆虫毁灭殆尽。

长期以来，加利福尼亚的居民都会使用这样一种方法：用帆布帐篷把树罩起来，随即用氢氰酸蒸气熏染树木。然而，在某些区域，结果并不理想。一九一五年开始，当地柑橘试验站对此问题进行了研究，该研究过程持续了近二十五年的时间。在过去的四十年中，人们使用砷酸铅成功地控制住了鳕蛾。但是，到了二十世纪二十年代，它们已经产生了抗药性。

“昆虫抗药时代”的到来与人类使用滴滴涕及其同类药物脱不了干系。只要有点儿起码的昆虫知识或动物种群动力学知识的人是不应对下述事实感到惊奇的：短短数年内，人们就面临着一个十分危险的境地。渐渐地，人们似乎意识到了昆虫具有抗药性。但只有那些与病虫接触的人才明白事情的严重性。实践和理论都证明，我们目前的处境并不乐观。哪怕是一个只知道昆虫学知识皮毛的人，或者对动物种群动力学知识稍有了解的人，他也能意识到这些问题。即便如此，大多农业工作者依然期望新型化学药物的出现，并希望它们的毒性能够越来越强。

昆虫产生抗药性需要一段时间，但人们认识到该问题的时间更长。在一九四五年以前，人们发现，大约有十几种昆虫对某些杀虫剂逐渐产生了抗药性，此时，滴滴涕尚未出现。后来，人们研制了新的有机化学物质并将其投入使用。随后，昆虫抗药性开始急剧增强。一九六〇年，有一百三十七种昆虫已具有抗药性。然而，一切才刚刚开始。在这个课题上，我们至少能发现一千篇技术报告。在世界各地约三百名科学家的协助下，世界卫生组织宣布“在对抗定向控制计划中，抗药性是最重要的问题”。卡尔斯·艾尔通博士是英国著名的动物种群研究者，他曾说：“我们听到了一阵隆隆声，这是万物崩坏的前兆。”

如今，昆虫抗药性发展十分迅速。有时，人们喷洒化学药物后，看似成功歼灭了某些昆虫。可是，当“捷报”还未传开，就有消息称，这些昆虫已卷土重来。此时，之前的“捷报”恐怕要做些修改了。长期以来，南非的牧羊人饱受蓝扁虱的困扰——每年，仅一个大牧场中就有六百头牛因此而丧命。多年来，这种扁虱已对砷喷剂产生了抗药性。之后，人们又使用了 γ-六氯环已烷。短期结果似乎很令人满意。一九四九年，有报告称，“扁虱已完全处于砷喷剂的控制之中。”但是到了第二年，就另有报告称，这些昆虫已产生抗药性。看到这一情况，一位作家在一九五〇年的《皮革商业回顾》中评论道：“科学家们苦心研究后才总结出了这些信息。可是如今，人们在报道这些信息时，报纸上只留了一个小小的位置。如果人们能够真正意识到它的重要性，那就完全有必要将这些消息刊登在更醒目的地方，以彰显其重要性。”

虽然，昆虫产生抗药性是一个与农业和林业有关的事。但是，它在公共健康领域中也引起了人们极大的不安。长期以来，昆虫和许多人类疾病之间的关系一直是个扑朔迷离的问题。“阿诺菲来斯蚊”能够将疟疾的细胞注入血液中。其他蚊子也会传播黄热病。还有一些蚊子会传染脑膜炎。家蝇虽然不会叮人，但是，通过接触，它们会将痢疾杆菌带到人类的食物中。并且，它们还会传播眼疾。此外，虱子会传染斑疹伤寒，鼠蚤会传播鼠疫，萃苹蝇会传染非洲嗜睡病，扁虱会传染各种发烧类疾病。

我们必须认真应对这些问题。任何一个有责任心的人都不会轻视这些虫媒疾病。现在我们面临一个问题：用正在使这一问题恶化的方法来解决这一问题究竟是否聪明，是否是负责任的呢？众所周知，通过歼灭这些疾病传染者，人类已经战胜了很多疾病。但我们忽视了一点：我们的确想剿灭这些昆虫，但它们反而变得更加强大了。更有甚者，面对这些昆虫，我们无计可施。A·W·A·布朗博士是一位加拿大的杰出的昆虫学家，他曾受聘于世界卫生组织，负责调查昆虫抗药性问题。一九五八年，他在专题论文中写道："在公共健康计划中，人们使用了含有剧毒的人造杀虫剂。此后，在不到十年的时间里，昆虫就已对这些杀虫剂产生了抗药性。"世界卫生组织曾警告说："节足动物引发了霍乱、斑疹伤寒以及鼠疫等疾病。对此，我们做出过努力。不过，我们现在似乎处于劣势，因为这些昆虫已产生了抗药性。如果我们想要打赢这场战争，就必须重点解决昆虫抗药性的问题。"

如今，人类在杀虫剂领域取得的成就仿佛都是白费心机，因为我们知道的绝大多数昆虫都已具备抗药性。目前，只黑蝇、沙蝇和萃蝇还未产生抗药性。不过，在全球范围内，家蝇和衣虱都已产生了抗药性。并且，蚊子也产生了抗药性。这使得征服疟疾的计划变得举步维艰。最近，研究者发现，东方鼠蚤（鼠疫的传播者）对滴滴涕产生了抗药性，这个问题十分严重。如今，世界各地都在统计具备抗药性的昆虫种类。

一九四三年，意大利首次在医学上使用现代杀虫剂。当时，盟军政府将滴滴涕粉剂撒在人们身上，最后战胜了斑疹伤寒。两年后，为了控制疟蚊，他们又喷洒了药物。一年后，问题就出现了——家蝇和蚊子对喷洒的药物产生了抗药性。一九四八年，人们开始试用氯丹。作为滴滴涕的增补剂，氯丹是一种新型化学物质。两年内，人们有效地控制住了昆虫。但是，好景不长。一九五〇年八月，有一些蚊子对氯丹也产生了抗药性。同年年底，所有家蝇都对氯丹产生了抗药性。人们每次使用新的化学药物后，昆虫很快就会产生抗药性。一九五一年底，研究者称，在消灭昆虫方面，滴滴涕、甲氧七氯、氯丹、七氯和 γ－六氯环己烷都已失效。与此同时，苍蝇已遍布全球。

二十世纪四十年代后期，悲剧在撒丁岛重演。一九四四年，丹麦居民首次使用含有滴滴涕的药品。一九四七年，很多地方宣布，控制苍蝇的计划失败了。一九四八年，埃及某些地区的苍蝇已对滴滴涕产生了抗药性。后来，人们决定使用BHC。可是，一年后，这些昆虫又对此产生了抗药性。一九五〇年，在埃及的某个村庄里，人们使用杀虫剂后，苍蝇得到了有效的控制。不久，有半数苍蝇对此产生了抗药性。次年，苍蝇对滴滴涕和氯丹都产生了抗药性。很快，苍蝇的数量又恢复到了原来的规模。一九四八年，田纳西河谷地区的苍蝇就已经对滴滴涕产生了抗药性，而其他地区也出现了此类情况。后来，人们又尝试使用狄氏剂。可是，结果并不乐观。在他们使用狄氏剂后才两个月，苍蝇就对此产生了抗药性。不久后，有人又尝试使用氯化烃类化学药物，之后又尝试了有机磷类药物。最初，这些药物的效果都很明显。不过到了最后，昆虫对这些药物都产生了抗药性。因此，专家们得出结论："杀虫剂已无法解决家蝇问题。我们必须采取卫生措施。"

那不勒斯的居民选用滴滴涕来控制衣虱，效果显著。一九四五年至一九四六年冬天，日本和朝鲜成功消灭了两百万只虱子。一九四八年，西班牙在防治斑疹伤寒流行病时遭遇失败。尽管这次实验结果不尽人意，但有成效的室内实验仍使昆虫学家们相信，虱子可能不会产生抗药性。但是，一九五〇年至一九五一年冬天，朝鲜发生了一件事情使他们大吃一惊——在士兵身上喷撒滴滴涕粉剂后，虱反而更加猖獗。在对虱子进行试验时，研究者发现，浓度为百分之五的滴滴涕粉剂并不能杀死这些虱子。后来，研究者们在东京游民、依塔巴舍收容所、叙利亚、约旦和埃及东部的难民营中也收集了一些虱子。研究表明，在控制虱和斑疹伤寒方面，滴滴涕已经失效。一九五七年，在很多国家中，虱子已经对滴滴涕产生了抗药性。这些国家包括：伊朗、土耳其、埃塞俄比亚、西非、南非、秘鲁、智利、法国、南斯拉夫、阿富汗，乌干达、墨西哥和坦噶尼喀。由此看来，那不列斯的好运似乎并没有传给其他国家。

希腊的"萨氏按蚊"是首类对滴滴涕产生抗药性的疟蚊。一九四六年，当地人们开始喷洒药物。最初，他们获得了成功。然而到一九四九年，人们在道路两旁和桥梁下面发现了大量的成年蚊子。后来，人们又在洞穴、外屋、阴沟里以及橘树的叶丛和树干上发现了它们。很明显，成年蚊子已经对滴滴涕产生了抗药性。它们能够从喷过药的建筑物逃脱出来，在露天下休息并恢复体力。几个月之后，它们就能够在房子中肆意妄为了。在喷过药的墙壁上，人们也能发现它们的踪迹。

这一切都预示着厄运的到来。人们疯狂地喷洒药物，一心想要消灭疟蚊。然而事与愿违。这反倒使得疟蚊对杀虫剂产生了抗药性，而且速度极快。一九五六年，只有五种疟蚊表现出抗药性；而到了一九六〇年初，已有二十八种疟蚊具备抗药性！其中，有一些常见于非洲西部、中美、印度尼西亚和东欧地区。它们都是非常危险的疟疾传播者。

还有一些蚊子会传播其他疾病，它们也对这些药物产生了抗药性。在世界上的很多地方，有一种热带蚊已经具有很强的抗药性。它们身上还有一些寄生虫，通常会引发橡皮病。在美国的一些地区，有一种蚊子会传播马脑炎，它们也已经产生了抗药性。数世纪以来，黄热病已成为了全球性灾难。在东南亚，传播这种疾病的蚊子已经产生了抗药性。在加勒比海地区，这种情况早已司空见惯。对此，当地居民也饱受困扰。

昆虫产生抗药性将会对疟疾和其他疾病产生带来十分不利的影响。对此，世界各地都进行了相关报道。一九五四年，特利尼达居民企图控制那些引发疾病的蚊子。不料，这些蚊子对药物产生了抗药性。随后，当地就爆发了黄热病。在印度尼西亚和伊朗，疟疾给当地人民带来了很多麻烦。而在希腊、尼日利亚和利比亚，蚊子也顽强地活了下来，并继续传播疟原虫。

通过控制苍蝇，佐治亚州战胜了腹泻病。然而，好景不长——

一年后，腹泻病患人数急剧增多。无独有偶，通过控制苍蝇，埃及战胜了急性结膜炎。但到了一九五〇年以后，情况却不断恶化。

最近，研究者发现，在佛罗里达州，一些盐沼（盐化沼泽地）中的蚊子也产生了抗药性——这对人类的健康并无多大危害，但经济代价高昂。这些蚊子虽然不会传染疾病，但它们会吸人血，而且是成群结队。于是，该州海岸边的广阔区域就成了“无人区”。后来，当地人民对此采取了喷药措施。刚开始，情况明显好转，但是不久后，这些蚊子又卷土重来。

研究发现，各地的家蚊抗药性都在不断增强。听到这一消息，那些从事大规模喷药的地区相继停止了喷药计划。并且，在加利福尼亚州、俄亥俄州、新泽西州和马萨诸塞州等地区以及意大利、以色列、日本、法国等地，这些家蚊已经对剧毒杀虫剂产生了抗药性。在这些杀虫剂中，应用最广泛的就是滴滴涕。

扁虱也给人们带来了不少麻烦。木扁虱是脑脊髓炎的传播者。最近，它们也产生了抗药性。褐色狗虱也对化学药物产生了抗药性。这对人类和狗都是一个坏消息。这种褐色狗虱属于亚热带品种。因此，当它出现在北方地区（如新泽西州）时，它必须在建筑物里过冬，因为室内温度要高于室外。J·C·帕利斯特是美国自然历史博物馆的一位工作人员。一九五九年夏天，他在报告中说：“有很多来自西部中心公园的居民曾经致电说，他们的屋里有很多幼扁虱，而且很难被除掉。中心公园里的狗偶尔会染上扁虱。然后，这些扁虱将会产卵，并在房屋里孵化幼虫。如此看来，它们对滴滴涕、氯丹或其他药物都有抗药性。过去，我们很难在纽约市发现扁虱。如今，它们已无处不在。近些年来，我们对此十分关注，但又一筹莫展。”

在北美大部分地区，人们都能发现德国蜂螂的存在，它们已对氯丹产生了抗药性——曾几何时，氯丹可是灭虫工作者们的王牌武器；如今，他们只好改用有机磷了。然而，昆虫依然对这些杀虫剂逐渐产生了抗药性，这就给灭虫者提出了一个问题：下一步该怎么办？

如今，昆虫抗药性不断提高。面对这个问题，防治虫媒疾病的工作人员不得不经常更换他们所使用的杀虫剂。如果化学家停止研制新药物的话，这种办法将无法继续。布朗博士曾说：“我们正走在灭亡的‘单行道上’，没有人知道这条路究竟有多长。在到达终点之前，如果我们还没有控制住那些带病昆虫的话，那我们的处境将更加糟糕。”

对于害虫成灾的农作物来说，情况也是一样的。过去，有十几种昆虫对早期无机化学药物具有抗药性。如今，这些种类正在不断增加。它们对滴滴涕、BHC、六氯联苯、毒杀芬、狄氏剂、艾氏剂，甚至磷类化学物（人们曾对此寄予厚望）都已经产生了抗药性。一九六〇年，在那些破坏庄稼的昆虫中，有六十五种昆虫已经产生了抗药性。

一九五一年，研究者首次发现，美国部分地区的农业害虫已经对滴滴涕产生了抗药性——这种情况发生在人们首次使用滴滴涕六年之后。实际上，鳕蛾造成的问题才最为棘手。在全球范围内，所有苹果种植区的鳕蛾都已经对滴滴涕产生了抗药性。白菜里的害虫也已经产生了抗药性，这又给人类带来了一个全新的挑战。研究发现，马铃薯的害虫也将产生抗药性。如今，多种棉花昆虫、食稻木虫、水果蛾、叶蝗虫、毛虫、螨、蚜虫、铁线虫以及许多其他的虫子已经不怕化学药物了。

面对昆虫抗药性这一问题，化学工业部门苦不堪言，却又一筹莫展，而这是在情理之中的。到了一九五九年，已有一百种昆虫对化学药物具有明显的抗药性。即便如此，有一份农业化学的主要刊物还在对此表示怀疑："这到底是事实还是危言耸听？"但是，逃避并不能解决问题——当化工部门选择简单粗暴的化学农药时，这个问题并没有凭空消失。并且，他们最终明白，这个问题给他们带来了不小的经济损失——在他们使用化学物质控制昆虫时，其费用也在不断增长。如今，杀虫剂看似前景光明；可不久后，它们就一文不值，毫无用处。如此一来，贮存杀虫剂就显得多余了。昆虫的抗药性正在不断增强，这再一次证明，人类用"暴力手段"对待自然只会作茧自缚。因此，人们将取消用于支持和推广杀虫剂的大量财政投资。即使杀虫剂花样百出，我们最终将看到，昆虫依然毫发无损，甚至变本加厉。

昆虫抗药性的产生过程很好地阐释了自然选择。对此，达尔文应该找不到更好的例子了。即使源于同一个原始种群，昆虫在身体结构、活动和生理学上都会有很大的差异。但是，只有适用性强的昆虫才能抵抗化学药物并最终存活下来。

人类喷洒的药物会杀死弱者，而适应性强的昆虫却得以存活——它们具有逃脱毒害的天性。并且，这些昆虫的后代也具备先天抵抗力。如此一来，人类喷洒的药物不仅不能消灭这些昆虫，反而会帮助它们淘汰弱者，从而使得强者不断发展——这对人类而言简直就是噩耗。最终，昆虫世界强者遍布，人类才真正无计可施！

昆虫抵抗化学物质的方法可能是不断变化的，并且，人们现在对此还一无所知。有人认为，有些昆虫之所以不受化学药物的影响，是因为它们的身体构造具有优势。不过在这方面，我们并未发现实际的证据。从布利吉博士的观察实验中，我们不难发现某些昆虫具备免疫性。据他报告："在丹麦的斯普林佛比泉害虫控制研究所中，研究人员观察到，大量苍蝇'在喷洒了滴滴涕的屋子中嬉戏'，它们就像古时候的男巫在火红的炭块上欢跳一样。"

在世界各地，我们都能看到类似的报告。在马来西亚的吉隆坡，研究者们发现，非喷药中心区的蚊子对滴滴涕也产生了抗药性。之后，它们甚至可以肆无忌惮地在滴滴涕药物上逗留。在台湾南部的一个兵营里，人们发现的臭虫样品身上还带有滴滴涕粉末——它们也已具备抗药性。在实验室里，研究者们将这些臭虫包上一块布，里面盛满了滴滴涕。它们居然活了下来！一个月后，它们竟然产下了卵！后来，幼虫慢慢长大，比原来的幼虫体型更硕大。

但是，昆虫的抗药性并不一定依赖于身体的特别构造。对滴滴涕具有抗药性的苍蝇体内含有一种酶。这种酶可使苍蝇将滴滴涕降解为毒性较小的滴滴伊。不过，只有那些具有滴滴涕抗药性遗传因素的苍蝇体内才含有这种酶。当然，这种抗药性因素是会遗传的。研究表明，当接触有机磷类化学物质时，苍蝇和其他某些昆虫能够自我解毒。至于它们是如何做到这一点的，我们目前还无从知晓。

昆虫的某些活动习性也能使它们避免与化学药物接触。研究人员发现，那些具有抗药性的苍蝇喜欢停留在未经喷药的地面上，而不喜欢停在喷过药的墙壁上。那些具有抗药性的家蝇可能有稳定的飞行习性——它们总是停落在同一个地点。这就大大减少了它们与残留毒物接触的次数。某些疟蚊的习性可以减少它们暴露于滴滴涕中的次数。实际上，这可以帮助它们免于中毒。在人们喷药后，它们会受到药物的刺激。随后，它们会飞离当前的环境，而在其他地方寻求家园，最终得以存活。

通常情况下，昆虫产生抗药性需要两到三年时间，但有时，它们只需三个月甚至更短的时间就能产生抗药性。而在极端情况下，这个过程可能会持续六年。一年中，昆虫生育的次数尤为重要——昆虫种类不同或气候不同都会引起次数的增减。例如，与美国南部的苍蝇相比，加拿大的苍蝇的抗药性发展得就更慢一些。因为美国南部的夏天更加漫长也更加炎热，这更有利于昆虫繁殖。

人们也许会问："既然昆虫都能对化学毒物产生抗药性，那么人类为什么不能产生抗药性呢？"从理论上讲，人类也是可以做到的。然而，这个过程可能需要数百年甚至数千年。如此一来，当今世上的人们就不必对此寄予希望了。抗药性并不是在个体生物中产生的。如果一个人生下就具有一些特性使他能比其他人更不易中毒的话，那他生儿育女、繁衍后代的能力就注定比别人强。所以，抗药性是在群体中经过长期的世代更迭而产生的。人类生育下一代需要三十或四十年；而昆虫产生新一代只需几天或几个星期。

在荷兰植物保护服务处担任指导顾问时，布里吉博士就提出忠告："虽然昆虫给我们造成一些损害，但我们应该克制自己的行为，而非想尽办法杀之而后快。根据多年的实践经验，我发现，人们应该尽可能少喷药。因为在给害虫喷药的后，最终受害的往往是人类自身。”

不幸的是，对于这个观点，美国农业服务部门似乎并不买账。一九五二年，农业部就昆虫问题发表年鉴，承认了昆虫正在产生药抗性这一事实。不过，它表示：“为了有效控制昆虫，人们仍需要更频繁、更广泛地使用杀虫剂。”试想一下：如果那些未经测试的药物不仅能够消灭所有昆虫，而且能够消灭一切生物，那我们应该如何应对呢？对此，农业部门并没有予以考虑。不过，一九五九年（也就是这一忠告再次被提出的十年后），康涅狄格州的昆虫学家在《农业和食物化学杂志》中表示，最新药品仅对一两种害虫做最后的试用就上市了。

布里吉博士说：“毫无疑问，我们现在踏上的是一条危险之路。我们大力研究其他的控制方法——这些新方法必将是生物学方法，而非化学方法。我们只是希望能把自然变化过程引向我们向往的道路上，而不是简单地使用‘暴力’。”

“我们需要一个更加理智的方针和更长远的眼光——而这正是许多研究者所缺乏的。生命是一个奇迹，它超越了我们的理解能力。甚至当我们必须与之斗争时，我们仍需尊重它。人们消灭昆虫依赖的是杀虫剂。这足以证明，我们不仅见识短浅，而且十分无能。在自然变化的伟大力量面前，人类的控制能力显得微不足道。所以，就算使用暴力也是无济于事的。科学需要的是谦虚谨慎，万不可骄傲自满、得意忘形！”

## 第十七节　另辟蹊径

如今，我们正处于两条路的交叉口——这两条道路截然不同。长期以来，我们一直行走在现在的道路上，以至于让我们误认为这是一条平坦舒适的阳光大道。实际上，在这条路的尽头，等待着我们的却是无尽的灾难。而另一条无人问津的路却为我们提供了最后的机会，让我们能够保住我们的地球家园。

面对这种情况，我们终究必须自己做出选择。长期以来，我们经受着昆虫的烦扰。当我们开始维护我们的“知情权”时，当我们知道了所发生的一切后，当我们知道我们的行为是多么愚蠢时，我们就再也不会听信谣言，再也不会不计后果地喷洒药物了。我们应该重整旗鼓，慎重考虑，另辟蹊径。

的确，想要“科学理性地”控制昆虫，我们需要寻求多种更合理的方法来代替化学方法。此前，我们已将某些方法付诸实践，成绩显著。还有一些方法正处于“试验期”——我们必须确保其安全性。当然，还有一些方法目前只是一些设想——总有一天，我们会将这些方法投入试验，甚至付诸实践。值得一提的是，所有这些方法都是生物学方法。这些方法都旨在有效地控制昆虫，反映了人类对有机体及生命世界构成的理解。在生物学领域中，我们能看到各种有代表性的专家——昆虫学家、病理学家、遗传学家、生理学家、生物化学家、生态学家。他们正用自身所学不遗余力地构造一个新兴科学——生物控制。

生物学家约翰·霍普金斯说："任何一门科学都好像一条长河。开始时，它十分低调，默默无闻；有时，它平静地流淌；有时，它兴奋地咆哮。它既有干涸的时候，也有涨水的时候。通过研究者的辛勤付出以及各种思想的涓流，它获得了补给，也有了前进的力量。人们不断提出的概念和做出的总结使得这条科学的河流变宽加深。"

从目前的情况来看，生物控制科学的发展轨迹与约翰·霍普金斯的说法高度契合。在美国，生物控制学早在一个世纪之前就出现了。它的出现是为了控制那些害虫。最初，该学科有时发展缓慢，甚至完全停滞不前。但随着人们不断取得突出成就，它便加速发展，不断向前。二十世纪四十年代，各种新式杀虫剂出现在人们眼前，就连那些从事应用昆虫学工作的人也因此眼花缭乱。随后，他们丢弃了生物学方法，转而选择了化学方法。此时，生物控制科学的河流就处于干涸期，学科的发展也遭遇了瓶颈期。因此，人们与之最初的目标——使世界免受昆虫困扰渐行渐远。现在，当由于漫不经心和随心所欲地使用化学药物已给我们自己造成了比对昆虫更大的威胁时，生物控制科学的河流由于得到新思想源泉的接济才又重新流淌起来。

有一些新方法很有吸引力——它们力求转化昆虫的力量从而令

其自我毁灭。也就是说，利用昆虫生命的趋向使其自寻灭亡。其中，“雄性绝育技术”取得的成就令人赞不绝口。这种技术是由美国农业部昆虫研究所的负责人爱德华·克尼普林博士及其合作者们创造出来的。

大约二十五年前，克尼普林博士提出了一种控制昆虫的独特方法，这震惊了他的同事。他提出：如果能使大量雄性昆虫绝育，然后把它们放出去，让它们去和正常的野生雄性昆虫争夺生存资源并最终存活。周而复始，它们产的卵无法孵出幼虫，这个种群就可能遭受灭顶之灾。

然而，官僚主义者嗤之以鼻，科学家们对此也深表怀疑。但是，克尼普林博士对此坚信不疑。不过，在将该想法付诸试验之前，必须找到一个能使昆虫绝育的方法。从理论上讲，自一九一六年以来，人们就已经知道X射线可能会造成昆虫绝育。当时，一位名叫G·A·兰厄的昆虫学家曾报道，X射线的照射导致烟草甲虫绝育。二十年代末，在X射线与昆虫突变的问题上，荷曼·穆勒进行了一些开创性工作，这也开拓了一个全新的世界。到了二十世纪中叶，许多研究人员都曾报道，X射线或伽马射线至少已导致十几种昆虫绝育。

不过，这些结论都来自室内实验，人们还未将其付诸实践。一九五〇年前后，克尼普林博士开始致力于昆虫绝育的研究，其目的是消灭旋丽蝇——在美国南部地区，这种昆虫会给家畜造成危害。当有动物流血受伤后，这种蝇会将卵产在伤口上。它孵出的幼虫是一种寄生虫，靠宿主的肉体存活。一头成熟的小公牛被其感染后，如果病情严重，十天内它就会死去。每年，美国因此而损失的牲畜价值四千万美元。此外，虽然我们难以估计野生动物因此遭受的损失，但可以肯定的是，这种损失是极大的。在得克萨斯州的某些地区，我们能看到的鹿少之又少，这还“得益于”这种旋丽蝇。它们是一种热带或亚热带昆虫，常见于南美、中美、墨西哥以及美国西南部。然而，一九三三年，它们阴差阳错地进入了佛罗里达州。该地的气候能使它们活过冬天并繁衍种群。它们甚至推进到亚拉巴马州南部和佐治亚州。每年，东南部各州的家畜业因此而遭受的损失高达二千万美元。

得克萨斯州农业部的科学家们收集了大量有关旋丽蝇的生物学资料。一九五四年，在佛罗里达岛上进行了一些预备性的现场实验之后，克尼普林博士准备进行更大范围的试验以验证他的理论。在与荷兰政府达成协议后，克尼普林来到了库拉索岛上——它位于加勒比海，与大陆相隔至少五十海里。

一九五四年八月，他们开始进行实验。在佛罗里达州的一个农业部实验室中，他们对一些旋丽蝇进行了绝育处理，随后，这些旋丽蝇被空运到库拉索岛。研究人员以每星期四百平方英里的速度将它们撒放出去。在实验公羊身上产下的卵群数量随即减少，速度就像它们增殖时一样快。撒虫行动七周后，所有产下的卵都绝育了。不久，他们再也找不到卵群了——绝育的或正常的都没有了。因为，旋丽蝇已从库拉索岛上彻底消失了。

该实验取得的巨大成果给佛罗里达州的农牧民们带来了希望。他们也想利用这种技术摆脱旋丽蝇的困扰。虽然，佛罗里达州面临的处境更为严峻——其面积为库拉索岛的三百倍；一九五七年，为了消灭旋丽蝇，美国农业部和佛罗里达州有关部门共同成立了相应的基金组织。他们将建造一个“苍蝇工厂”——每周，约有五千万只旋丽蝇诞生。随后，他们会安排二十架轻型飞机按预定航线飞行，每天的飞行时间约五到六个小时，每架飞机带一千个纸盒，每个纸盒里盛放二百到四百只用 X 光照射过的旋丽蝇。

一九五七到一九五八年的冬天，严寒笼罩着佛罗里达州北部。这为实施该计划提供了绝佳的机会。因为，此时旋丽蝇的种群大大减少了，并且只局限在一个小区域中。最初，人们预计需十七个月才能完成该计划，整个过程需要用到三十五亿只旋丽蝇，并将绝育的飞蝇撒遍佛罗里达州及佐治亚和亚拉巴马地区。结果，这个寒冬帮了大忙——缩短了时间，还节省了成本。一九五九年一月之后，我们再也没有听到关于旋丽蝇引起动物伤口感染的报道。此后的几个星期中，旋丽蝇掉入了人类设下的“陷阱”中。后来，旋丽蝇便彻底销声匿迹了。在美国南部地区，人们成功地消灭了旋丽蝇——这充分体现了科学创造力的价值，也证明了毅力以及决心在基础研究中的重要作用。

最近，人们在密西西比设立了一个隔离屏障，目的是为了阻止旋丽蝇从西南部卷土重来——在西南部，旋丽蝇已被“封锁”在一个固定的区域。在当地，扑灭旋丽蝇的行动举步维艰，因为此处面积辽阔；并且，旋丽蝇很有可能会从墨西哥侵入。虽然困难重重，但“灭蝇”迫在眉睫。农业部认为，即使无法完全消灭旋丽蝇，也必须尽可能地减少旋丽蝇的数量。此外，他们打算在旋丽蝇猖獗的地区（比如得克萨斯州和西南部地区）试行特定的计划。

在控制旋丽蝇方面，人们取得了显著的成效。随后，人们便考虑用此方法控制其他昆虫。但是，该方法并不一定放之四海而皆准。通常情况下，我们必须先了解昆虫的生活习性、种群密度及其对放射性的反应，然后才能对此采取合适的措施。

对此，英国人已经进行了试验。他们希望该方法消灭罗得西亚的萃蝇——这种昆虫占据着非洲三分之一的土地，给人类的健康带来了极大的威胁；并且，在四百五十万平方英里的草地上，人们饲养的牲畜也为其所害。萃蝇的习性不同于旋丽蝇。放射性作用虽然会使萃蝇绝育，但在使用该方法之前，人们还得先解决一些技术性难题。

英国人已对大量昆虫进行了实验，测试它们对放射性作用的反应。美国科学家在夏威夷进行了大量的室内试验，并在罗塔岛进行了野外试验。期间，他们主要研究西瓜蝇和果蝇（主要是来自东方及地中海的果蝇）。他们的初步实验获得了不错的成绩。他们还对谷物穿孔虫以及甘蔗穿孔虫进行了试验。存在着一种可能性，即具有医学重要性的昆虫也可能通过不育作用而得到控制。一位智利科学家指出，在杀虫剂的打击下，传播疟疾的蚊子依然侥幸逃脱；并且，它们继续在其他国家为非作歹。如今，恐怕只有通过撒放绝育雄蚊才能消灭这种蚊子了。

众所周知，通过放射性作用让害虫绝育存在着很多困难。这使得人们不得不去研究更为容易的方法（当然，效果是一样的）。如今，人们越来越渴望研制出一款“化学绝育剂”。

最近，在佛罗里达州奥兰多农业部实验室里，科学家正尝试将化学药物混入食物，使家蝇绝育。他们在实验室和野外实验中都进行了这种尝试。一九六一年，在佛罗里达州吉斯岛进行试验后，研究者发现，仅需五周时间，家蝇种群就全军覆没了。虽然，从邻近岛屿飞来的家蝇又在本地大量繁殖，但就实验本身而言，这是一个相当成功的尝试。农业部对该方法的前景感到异常激动，这是很容易理解的。正如我们前面提到的那样，最初，杀虫剂也对家蝇无计可施。后来，人们又不得不另寻良方。随后，人们发现了放射性作用的神奇之处。不过，该方法虽然能够使昆虫绝育，但困难重重——我们必须人工培养昆虫；并且，在撒放昆虫时，数量必须大于野外昆虫的数量。在控制旋丽蝇时，我们简直是得心应手，因为它们的数量并不庞大。然而，在控制家蝇时，我们就难免显得心有余而力不足了——原有的家蝇数量就已十分惊人，撒放两倍家蝇的情景简直难以想象！虽然家蝇数量的增多只是暂时性的，因为撒放的家蝇可能会将其余家蝇一举歼灭。但是，人们依然不会同意这种做法。此时，“化学绝育剂”就显得更具吸引力了——它们可以与昆虫饵料混合在一起，再被引入家蝇的自然环境中；吃了这种药的昆虫就会绝育。最后，这些绝育的家蝇在物竞天择中胜出，而它们产卵后便自取灭亡了。

之前，人们一直潜心于研究化学毒性。如今，人们准备研究化学物质的绝育效果，这个工作的难度可要远远大于前者。我们在对某种化学物质的作用做出判断之前，至少需要等待三十天。期间，我们也可以进行许多不同的实验。一九五八年四月至一九六一年十二月，奥兰多实验室研究人员进行了大量实验，他们对数百种化学物质进行了筛选，旨在发现具有绝育效果的药物。其中，有少量化学物质似乎“大有可为”。对此，农业部也十分激动。

当前，农业部的其他实验室也正在研究这一问题。他们在进行各种实验，旨在使用化学物质消灭马房苍蝇、蚊子、棉子象鼻虫和各种果蝇。目前，所有工作都还处于实验阶段。虽然，人们研究化学绝育剂只有短短几年，但这一工作已取得了很大的进展。从理论的角度来看，它的许多特性都很有吸引力。克尼普林博士指出，有效的化学昆虫绝育剂很可能“秒杀”所有杀虫剂。试想：一个昆虫群体最初有一百万只昆虫；每过一代，其数量就增加五倍。假设杀虫剂可以杀死每一代昆虫的百分之九十。那么，三代以后，还留有十二万五千只昆虫。而绝育剂能够使九十多种昆虫绝育，并且三代以后，只有一百二十五只昆虫得以苟延残喘。

但是，化学绝育剂中也含有一些烈性化学物质，它们的毒性也不容小觑。幸运的是，在研究工作的早期阶段，大部分研究者都致力于确保药物的安全性，也时刻关注着使用方法的安全性。尽管也存在弊端，这些绝育剂还是受到了很多人的欢迎。在很多地方，吉卜赛蛾的幼虫会给植物的叶子带来巨大的损害。对此，人们强烈要求使用绝育剂。在全面详细地了解这种做法的危险后果之前，我们盲目地喷药是很不负责任的。如果在我们的头脑中不时时记住绝育剂的潜在危害，我们很快就会发现，我们目前面临的困难远远多于杀虫剂造成的困难。

目前，研究人员们正在试验的绝育剂一般可分为两类，作用原理都非常有意思。第一类与细胞的新陈代谢密切相关。也就是说，它们的性质与细胞组织发展所需的物质极其相似。如此一来，有机体误以为它们就是代谢物。随后，在细胞组织的正常生长过程中，它们会努力地结合这类绝育剂。不过，在某些细节上，这种相似性就成了弊端。于是，细胞过程戛然而止。这种化学物质就成了抗代谢物。

第二类化学物质会作用于染色体。它们可能会对基因化学物质起作用并引起染色体的分裂。烃化剂是这类绝育剂的典型代表，它能够对细胞造成极大的破坏，并危害染色体，乃至引起突变。皮特·亚历山大博士是伦敦彻斯特·彼蒂研究所的一位研究人员。他认为："烃化剂在使昆虫绝育的同时，也可能引发癌症。"他还说："使用这类化学物质控制昆虫是相当愚蠢的，这种行为是不可取的。"因此，人们希望，在大量的实验研究后，我们不仅能够将这些化学药物投入使用，还能够有一些"意外发现"。这些发现能使得控制方法更为安全，并且，它们只会伤害特定昆虫，而不会危害人类。

研究还有一些有趣的发现，我们可以利用昆虫的生活特征来创造消灭昆虫的武器。昆虫本身就能产生各种毒液、引诱剂和驱虫剂。这些分泌物有什么化学意义呢？我们能否将它们当成杀虫剂使用呢？对此，康奈尔大学和其他地方的科学家们正努力寻求答案。为了逃脱天敌的袭击，许多昆虫都建立了一个防护机制，这也就成了研究者们的研究对象。他们正在努力研究昆虫分泌物的化学结构。还有一些科学家正在研究"青春激素"。这种物质功能强大，它能妨碍昆虫在幼虫阶段的发育。

在昆虫分泌物领域的研究工作中，人们发明了引诱剂（也称吸引剂)。目前为止，这是人们在该领域取得的最有意义的成果。此时，大自然再次为我们指明了前进的道路。吉卜赛蛾的雌蛾因为身体太重而飞不起来。因此，它们生活在地面或近地面上，它们只能在低矮的植物间飞舞；有时，它们也能够爬上树干。然而，雄蛾却很善于飞翔。雌蛾体内有一种特殊腺体，它会释放出某种气味，这种气味会吸引远处的雄蛾。多年来，昆虫学家们巧妙地利用了这一发现。历经多重困难，他们从雌蛾体内提取了这种性引诱剂。当时，他们沿着昆虫的分布地区调查昆虫的数量。与此同时，他们使用这种引诱剂诱捕雄蛾。不过，这种办法成本很高。一方面，东北各州虫害蔓延情况严重；另一方面，吉卜赛蛾数量有限，人们没有足够的资源用来制取引诱剂。于是，他们就选择从欧洲进口雌蛹。有时，每只蛹价格高达半美元。幸运的是，在经过了多年的努力之后，最近，农业部的化学家们成功地分离出了这种性引诱剂，这是一个巨大的突破。随后，他们成功地从海狐油成分中研制出了一种十分相似的合成物质。这种物质不仅能够"欺骗"雄蛾，而且它的引诱能力和天然的性引诱剂不相上下。在捕虫器中，我们只需放入一毫克(千分之一克)此种物质就足以引诱雄蛾。

这些发现意义重大，并远远超出了科学研究的意义。因为这种全新的、经济的"吉卜赛蛾诱饵法"不仅可以运用在昆虫的调查工作中，而且还可以应用于昆虫控制工作中。如今，人们正在研制引诱能力更强的物质。实际上，这是一场"心理战"。在这些实验工作中，人们将这种引诱剂做成微粒状物质，并用飞机撒放。这样做的目的是为了迷惑雄蛾，从而改变它们的正常行为。在这种气味的引诱之下，雄蛾很容易迷失方向——它们无法找到能导向“真正的雌蛾”的道路。人们正在进一步研究如何更好地控制昆虫，其目的是为了欺骗雄蛾，让它与“假的雌蛾”结成配偶。在实验室中，研究者发现，雄蛾已经企图与其他物体交配，它们大多形似木片，或呈虫形，并且没有生命——只要这些物体是在引诱剂中。有人提出这样一个有趣的问题：通过利用昆虫的求偶本能，我们能阻止其繁殖。这个办法是否可用来减少目标种群的残留呢？

目前，吉卜赛蛾饵药是一种人工合成的昆虫性引诱剂。不久之后，人们还将研制出其他药物。如今，人们正在研究这类仿制的引诱剂对某些昆虫所造成的影响。在对海森蝇和烟草鹿角虫的研究中，研究者们已取得了令人欣慰的结果。

目前，人们正在尝试将引诱剂和毒剂混合，而后用这种混合物去治理某些昆虫。政府组织的一些科学家曾发明了一种引诱剂，其被称为甲基丁子香酚。他们发现，该引诱剂能够非常有效地控制东方果蝇和西瓜蝇。在日本南部四百五十英里的小笠原群岛上，研究者们进行过一系列试验。试验中，研究者们将这种引诱剂与一种化学毒剂混合。他们将这两种化学物质浸润在小片纤维板上，然后从空中撒放到整个岛上。这成功地引诱和杀死了那些雄蝇。这个“扑灭雄蝇计划”开始于一九六〇年。一年后，农业部估算，有百分之九十九以上的飞蝇都被消灭了。显而易见，该方法“秒杀”各种杀虫剂。在这种方法中，人们加入了有机磷毒物，它们只存在于纤维板块上，而这种纤维板块是不可能被其他野生物误食的。并且，它的残留物很快会消失。因此，这并不会对土壤和水源造成污染。

不过，昆虫之间“相互联系”不仅仅借助于产生吸引或排斥的气味来实现。声音也是一种“联系方式”。飞行中的蝙蝠会发出连续不断的超声波（就像一个雷达系统，这能引导它穿过黑暗），某些蛾能听到这种声音，从而能够避免被捕食。对锯齿蝇的幼虫而言，寄生蝇的振翅声是一个警告。听到这个声音，这些幼虫会聚集起来进行自卫。此外，在树木上生长的昆虫所发出的声音能使它们的寄生物发现它们。而对于雄性蚊子而言，雌性蚊子的振翅声就像一首动听的歌声。

那么，是什么使得昆虫能够分辨声音并对此做出反应的呢？人们对该问题的研究目前正处于实验阶段。通过播放雌蚊飞行声音的录音，研究者们在引诱雄蚊方面取得了初步成功——雄蚊被引诱到了一个电网上，而后被杀死。在加拿大，人们利用爆发性的超声波来对付谷物穿孔虫和夜盗蛾。夏威夷大学的休伯特·弗林斯和马波尔·弗林斯教授是研究动物声音方面的权威。他们认为，只要能发现昆虫产生和接收声音背后的秘密，人们就可以通过声音控制昆虫。他们发现，燕八哥在听到同类的惊叫声录音时便惊慌地飞散了。这一发现也让人们明白：声音也可能成为消灭昆虫的有效武器。这一发现也使他们闻名世界。值得一提的是，目前，至少有一家主要的电子公司准备为昆虫实验提供实验室。

在实验中，声音也变成了一个毁灭性的因素。在一个实验池塘中，研究者发现，超声波会杀死所有蚊子的幼虫。不过，它也会杀死其他水生生物。在另一个实验中，空气产生的超声波可在几秒内杀死绿头大苍蝇、麦蠕虫和黄热病蚊子。在控制昆虫方面，人们提出了全新的概念，而所有这些实验只是迈向该概念的第一步。总有一天，电子学的发展会使这些方法成为现实。

在对付昆虫方面，人们想出了许多新的控制方法。它们并不只是与电子学、伽马射线和其他人类智慧的结晶相关。有一些方法历史悠久，它们的根据是：和人一样，昆虫也会患病。历史上，鼠疫病菌给人类带来了毁灭性的灾难；如今，细菌的传染也能毁灭昆虫种群；在病毒发作之时，昆虫种群就会患病而后死亡。在亚里士多德时代以前，人们就知道昆虫也会感染疾病。蚕病曾出现在中世纪的诗文中。并且，通过研究这种蚕疾病，巴斯德首次发现了传染性疾病的原理。

昆虫不仅会受到病毒和细菌的侵扰，而且也会受到真菌、原生动物、蠕虫和其他肉眼不可见的生物侵害。这些微小的生命为人类提供全方位的援助——这些微生物体内含有致病有机体。而且，其体内的其他有机体能清除垃圾，使土壤肥沃，并参与无数的生物学过程（如发酵和消化）。既然如此，它们是否能够帮助我们控制昆虫呢？

伊里·梅契尼科夫是十九世纪的一位动物学家，他首次提出该设想。十九世纪末二十世纪初，越来越多的人在考虑利用微生物控制昆虫。二十世纪三十年代后期，人们发现，向昆虫世界中引入疾病可使该类昆虫得到控制。当时，人们在日本甲虫中发现并利用了牛奶病。牛奶病是由杆菌类的孢子引起的。我们在第七章中已提到过：长期以来，美国东部的居民都在利用这一细菌控制昆虫。

如今，人们将希望寄托在对图林根杆菌的试验上。一九一一年，人们在德国图林根省首次发现该细菌。研究发现，它会使粉蛾幼虫患上致命的败血症。这种细菌具有很强的杀伤力，其发挥作用的方式是使受害者中毒，而不是致病。在这种细菌的生长过程中，它们形成了一种蛋白质特殊晶体，这对某些昆虫（特别是对像蛾一样的蝶类幼虫）具有很强的毒性。幼虫吃了带有这种毒物的草叶之后不久，就会全身麻痹，停止进食，并迅速死亡。从实用的目的来看，迅速制止动物进食对害虫防治是有利的。因为，只要我们将病菌体施用在地里，庄稼很快就将避免害虫的侵扰。如今，英国的某些公司正在生产含有图林根杆菌孢子的混合物，这些产品被贴上了不同的商标。在其他国家，研究者们正在进行野外试验：在德国和法国，人们用这些产品对付白菜蝴蝶幼虫。在南斯拉夫，人们用以对付秋天的织品蠕虫。在苏联，人们用以对付帐篷毛虫。一九六一年，巴拿马的研究者也开始了相关试验。当地的香蕉种植者一直面临着一些严重的问题，而这种细菌杀虫剂的出现，对他们而言可能是一大福音。在巴拿马，根穿孔虫一直在破坏香蕉树的根部。这样一来，香蕉树很容易就会被风吹倒。一直以来，狄氏剂是有效地对付穿孔虫的唯一化学药物。不过现在它已引起了连锁反应，并且这种反应是灾难性的。穿孔虫现在正卷土重来。狄氏剂消灭了一些重要的捕食性昆虫，并且导致了卷叶蛾增多。卷叶蛾体格虽小，但身体却很坚硬，它的幼虫会把香蕉表面嗑坏。所以，人们希望这种新的细菌杀虫剂能够把卷叶蛾和穿孔虫都消灭掉。当然，这个过程最好不要扰乱自然控制作用。

在加拿大和美国东部森林中，昆虫问题（如蓓蕾蠕虫和吉卜赛蛾）一直困扰着人们。细菌杀虫剂的出现，可能给当地带来了好消息。一九六〇年，这两个国家都开始用图林根杆菌制品进行野外试验，此时，这些制品已经作为商品进驻市场。试验的初步结果鼓舞人心。在佛蒙特，跟用滴滴涕所取得的效果相比，细菌控制的效果可谓是“有过之而无不及”。现在，人们面临着一个技术问题：我们需要发明一种溶液，它能将细菌的孢子粘到常绿树的针叶上。不过，对农作物而言，这算不上什么问题——药粉也是一个不错的选择。在加利福尼亚，人们已尝试将细菌杀虫剂用于各种蔬菜。

同时，人们也正围绕病毒开展一些研究。在加利福尼亚的原野上，长着幼小紫花苜蓿，人们漫山遍野地喷洒一种药物。在消灭紫花苜蓿毛虫方面，这种药物与任何杀虫剂一样都具有致死能力。这是一种取自毛虫体内的病毒溶液，这些毛虫曾因感染毒性极强的疾病而死。五只患病的毛虫提供的病毒足以处理一英亩的紫花苜蓿。在加拿大的某些森林中，人们将某种病毒用于控制松树锯齿蝇，效果显著。现在，人们已将其代替杀虫剂。

捷克斯洛伐克的科学家们也在进行一些实验，他们正在尝试使用原生动物来对付织品蠕虫和其他虫灾。在美国，研究者发现，某种寄生性的原生动物能降低谷物穿孔虫的产卵能力。

有人认为，微生物杀虫剂可能会给其他生命带来危险，从而引发一场“细菌战争”。但是，实际情况并非如此。与化学药物相比，昆虫病菌只会杀害目标对象。对其他生物而言，它们都是无害的。爱德华·斯坦豪斯博士是一位昆虫病理学的权威。他强调：“无论是在实验室中，还是在自然界中，昆虫病菌从未引起脊椎动物传染病。”昆虫病菌具有高度的专一性——它们只对一小部分昆虫，有时只对一种昆虫具有传染力。正如斯坦豪斯博士所言，在自然界中，昆虫疾病始终见于昆虫，它既不会影响宿主植物，也不会影响这些昆虫的捕食者。

昆虫的天敌众多——不仅有许多种类的微生物，而且还有其他昆虫。一八〇〇年，伊拉兹马斯·达尔文首次创造控制昆虫的生物学办法——通过刺激其敌人的繁殖，人们能够有效地控制昆虫。一般而言，作为生物控制法，“用一种昆虫治理另一种昆虫”的方法是第一个付诸实践的方法。因此，人们误以为它就是替代化学药物的唯一措施。

一八八八年，美国开始将生物控制作为常规方法。当时，阿伯特·柯贝尔（他是现在正日益增多的昆虫学家开拓者队伍中的首位成员）去澳大利亚寻找绒毛状叶枕介壳虫的天敌，这种介壳虫给加利福尼亚的柑橘业带来了毁灭性的危害。正如我们在第十五章中所提到过的，这项任务取得完满成功。在二十世纪中期，为了控制各种入侵的昆虫，全世界都在搜寻它们的天敌，后来，人们确定了约一百种重要的捕食性昆虫和寄生性昆虫。除了由柯贝尔引入的维多利亚甲虫外，进口其他昆虫的过程也都很顺利。一种从日本进口的黄蜂已完全控制住了侵害东部苹果园的昆虫。带斑点的紫花苜蓿蚜虫给人们带来不少麻烦，它们的天敌是从中东引入的（引入过程完全是一个意外）。它们拯救了加利福尼亚的紫花苜蓿业。细腰黑蜂有效地控制住了日本的甲虫，而吉卜赛蛾的捕食者和寄生者们也起到了很好的控制作用。研究者们预计，在对介壳虫和水蜡虫进行生物学控制后，加利福尼亚州每年将挽回几百万美元损失。该州昆虫学家的领导人之一保罗·德巴赫博士调查后预计：在生物学控制工作中，加利福尼亚州投资四百万美元，现在已得到了一亿万美元的回报。

目前，通过引进昆虫的天敌，约40个国家成功地实现了对严重虫灾的生物学控制。与化学方法相比，这种控制方法具有明显的优越性——它成本较低，一劳永逸（效果是永久性的），并且不会留下残毒。但是，生物学控制的支持者依旧太少。在建立正规的生物学控制计划方面，加利福尼亚简直是孤立无援。在其他的许多州里，甚至还没有昆虫学家致力于生物控制研究。不过，用昆虫的天敌来实行生物控制的工作始终缺乏科学严谨性——在生物控制中，人们几乎还没有严格地研究过被捕食昆虫种类受影响的情况。并且，在撒放天敌时，人们一直没有精确地划分相关区域，而其精确性可能决定着成败。

并且，无论是捕食性昆虫还是被捕食的昆虫，它们都不是单独存在的——它们只是生命网络中的一部分。对于这一切，我们必须慎重考虑。或许，我们能在森林中更多地使用到既成的生物控制方法。如今，农田高度人工化，这与想象中的自然状态大不相同，而森林更接近于自然环境——人类很少介入，造成的干扰也最小。按其本来的形态发展，大自然可以建立起抑制和平衡系统，这将保护森林免遭昆虫的过分危害。

在美国，森林的种植者们想通过引进捕食性昆虫和寄生性昆虫来进行生物控制。相对而言，加拿大人的眼光更为开阔，而欧洲人早已付出行动——他们发展“森林卫生学”所获得的成就令人钦佩。和树木一样，鸟、蚂蚁、森林蜘蛛和土壤细菌都是森林的一部分。正是因为意识到了这一点，欧洲育林人在栽种树木时，也会采取一些保护性措施。首先，他们会先招引鸟儿栖居。如今，空心树已经不多见，因此，啄木鸟和其他在树上筑巢的鸟就失去了住处。人们用巢箱来解决这一问题，这将吸引鸟儿们重返森林。还有一些巢箱是专门为猫头鹰、蝙蝠而设计的。鸟儿们夜间能够在这些巢箱里休息，到了白天就能够出去觅食。

不过，一切才刚刚开始。在欧洲森林中，人们会利用一种森林红蚁作为捕食昆虫。这种昆虫具有进攻性——可惜的是，北美并没有这种红蚁。约二十五年前，乌兹堡大学的卡尔·戈斯沃尔德教授发展了一种培养该类红蚁的方法，并建立了红蚁群体。在他的指导下，德意志联邦共和国的九十个试验区中已有一万多个红蚁群体。并且，意大利和其他国家也采用了该方法。他们建立了蚂蚁农场。这样一来，在林区撒放蚁群就会更加方便。在亚平宁山区，人们建筑了数百个鸟窝来保护再生林区。

德国默尔恩的林业官海因茨·鲁珀特索芬博士说：“在有鸟类、蚂蚁、蝙蝠和猫头鹰保护的地方，生物学的平衡已得到明显改善。”他认为，与单一地引进一种捕食昆虫或寄生昆虫相比，这种做法（引入一群“天然伙伴”）的效果更加明显。

在默尔恩的森林里，人们用铁丝网将新的蚁群保护起来，这将使其免受啄木鸟的危害。如此一来，啄木鸟（十年内，它在试验地区已增加百分之四百）对蚁群造成的危害将大大减少。啄木鸟只好通过啄食树上的害虫来偿还它们的原料缺失。当地学校组织了少年团，成员都是十至十四岁的孩子，他们负责照料这些蚁群以及鸟巢箱。因此，这些森林将得到永久性的保护。

鲁珀特索芬博士曾尝试利用蜘蛛，在这方面，他是一位开拓者。虽然我们能够发现大量关于蜘蛛分类学和自然史方面的文献，但它们都是支离破碎的；并且，在生物学控制方面，它们究竟具有何种价值？对此，我们不得而知。在已知的二万二千种蜘蛛中，有七百六十种是在德国土生土长的（约二千种在美国土生土长）。其中，有二十九种蜘蛛生活在德国森林中。

对育林人而言，蜘蛛织网的种类至关重要。其中，能够织造车轮状网的蜘蛛是最有价值的，因为它们织的网孔隙十分细密，能捕捉到任何飞虫。一只十字蛛的大网（直径达十六英寸）网丝上约有十二万个黏性网结。一只蜘蛛的一生大概只有十八个月，期间，它们平均可消灭二千只昆虫。对于一个在生物学上健全的森林而言，每平方米土地上应有五十到一百五十只蜘蛛。而在那些蜘蛛数量较少的地方，我们可以收集和散布装有蜘蛛卵的袋状子囊。鲁珀特索芬博士说："三个蜂蛛（美国也有这种蜘蛛）子囊可产生出一千只蜘蛛，它们能捕捉二十万只飞虫。"他还说："在春天出现的轮网蛛幼虫特别重要——当它们吐丝后，这些丝就在树木的枝头上形成了一个网盖，这将保护枝头的嫩芽免受飞虫危害。"当这些蜘蛛蜕皮长大后，这个网也变大了。

加拿大的生物学家们也曾采取了相似的研究方法。不过，两地实际情况存在差异。比如，北美的森林不是人工种植的而是处于自然状态的；另外，在对森林保护方面能起作用的昆虫种类多少有些不同。在加拿大，人们比较重视小型哺乳动物，它们在控制某些昆虫（尤其是那些生活在松软土壤中的昆虫）方面具有惊人的能力。其中，有一种昆虫叫作锯齿蝇（雌蝇长着锯齿状的产卵器），它们用产卵器剖开常绿树的针叶，将卵产在此处。幼虫孵出后就会落到地面上。它们通常会选择沼泽的泥炭层、针枞树或松树落叶堆作为成茧的地方。在森林的地下，小型哺乳动物（包括白脚鼠、鼷鼠和各种地鼠）开掘了无数"隧道"，形成了一个蜂巢状的世界。贪吃的地鼠能吃掉大量的锯齿蝇蛹。它们在吃蛹时，会把前脚放在茧上，然后咬破茧的一端——它们能识别茧是空的还是实的。这些地鼠的胃口十分惊人。一只鼷鼠一天只能吃掉二百个蛹，而一只地鼠每天至少能吃掉八百只蛹。通过室内试验，研究者发现，这样一来，它们能够消灭百分之七十五到九十八的锯齿蝇蛹。

纽芬兰岛没有地鼠，所以锯齿蝇能够肆意妄为。当地居民热切盼望这些小型哺乳动物的到来。于是，他们在一九五八年引进了一种假面地鼠（这是一种最有效的锯齿蝇捕食者）进行试验。一九六二年，加拿大官方宣布了该试验成功的消息。此后，这种地鼠开始在当地繁殖，现已遍及全岛——在离释放点十英里之远的地方，人们也能发现一些带有标记的地鼠。

育林人想永久保持并加强森林中的天然关系。现在，他们已有一整套装备可供使用。在森林中，用化学药物控制害虫的方法只是个权宜之计——它并不能真正地解决问题，它们甚至会毒害森林小溪中的鱼，还会给捕食性昆虫带来灾难，并最终破坏天然控制作用。

而且，它们还会毁灭那些自然控制因素——我们费了九牛二虎之力才成功将它们引入。鲁珀特索芬博士说："由于使用了这种粗暴的手段，森林中生命的协调关系完全失调了。而且，寄生虫灾害出现的间隔时间也愈来愈短。因此，我们不得不停止这些粗暴做法，因为它们违背了自然规律。"

除了人类，这个地球上还有很多其他的生物，我们必须与它们共享我们共同的地球家园。因此，我们创造了很多新方法，它们极具创造性和想象力。我们不得不承认的是，我们是在和生命——活生生的群体——打交道。只有认真地对待生命，并设法将生命的力量引向对人类有益的轨道上来，我们才有可能在昆虫群体和人类之间保持协调发展。

如今，人们经常会使用各种毒剂控制昆虫。然而实践证明，这种做法失败了。这使人们意识到了一些最基本的问题。化学药物其实是一种十分低级的武器（其低级程度堪比远古穴居人所使用的棍棒），人们使用这种武器杀害生命——这些生命看起来不堪一击，实则坚忍不拔，而且还懂得反抗。人们在使用化学药物的同时，经常会忽视生命的这些异常能力。他们自认为能够随意摆弄这种巨大的生命力量，骄傲放纵，自以为是；却不曾有半点的理智，实在毫无人道可言！

人类想要"控制自然"是妄自尊大的表现，也是生物学和哲学处于低级幼稚阶段的表现。最初，人们想"控制自然"只是为了大自然能够为了人们的方便而存在。应用昆虫学之所以会产生这些概念和做法，是因为那些人在科学上依旧愚昧无知。这门学科本来如此原始淳朴，如今却被可怕的化学武器包裹着！人们自认为这些武器能够对付昆虫，实际上，它们正在威胁着这个地球。这真是整个人类的悲哀！